# Unity 5.X/2017 标准教程

Unity公司 主编
史明 刘杨 编著

人民邮电出版社
北京

图书在版编目（CIP）数据

Unity 5.X/2017标准教程 / Unity公司主编；史明，刘杨编著. -- 北京：人民邮电出版社，2018.4（2024.6重印）
 ISBN 978-7-115-47554-1

Ⅰ. ①U… Ⅱ. ①U… ②史… ③刘… Ⅲ. ①游戏程序－程序设计－教材 Ⅳ. ①TP317.61

中国版本图书馆CIP数据核字(2017)第325570号

## 内 容 提 要

Unity 是一款功能强大且简单易用的游戏开发和虚拟现实开发平台软件。使用 Unity 可以把各种游戏素材或者虚拟现实素材，比如模型、贴图、动画等进行整合，结合 Unity 完美的引擎和友好的程序开发平台，就能制作出各种平台发布的游戏或者虚拟现实应用。

本书共设计了 15 章内容，包含 Unity 软件使用基础、各项组件使用、程序开发基础和实例、各种平台发布技能等。在本书第 14 章还列举了一个典型的游戏制作项目，让读者可以从零开始一步步制作出一款游戏。第 15 章则介绍了 Unity 2017 版的新特性及使用方法。

本书适合对 Unity 感兴趣，对游戏开发感兴趣的读者阅读，也适合院校相关专业作为游戏开发与虚拟现实应用开发教材。

◆ 主　编　Unity 公司
　　编　著　史　明　刘　杨
　　责任编辑　郭发明
　　责任印制　陈　犇

◆ 人民邮电出版社出版发行　北京市丰台区成寿寺路11号
　　邮编 100164　电子邮件 315@ptpress.com.cn
　　网址 http://www.ptpress.com.cn
　　固安县铭成印刷有限公司印刷

◆ 开本：787×1092　1/16
　　印张：18.75　　　　　　　2018 年 4 月第 1 版
　　字数：370 千字　　　　　2024 年 6 月河北第 15 次印刷

定价：108.00 元（附光盘）

读者服务热线：(010)81055296　印装质量热线：(010)81055316
反盗版热线：(010)81055315
广告经营许可证：京东市监广登字20170147号

# 序 言

Unity 成立已经 13 年，在中国开展业务也有 5 年多了。Unity 的宗旨在于实现开发大众化。让人人都能够有机会成为开发者。在这 13 年间，Unity 从游戏引擎成长为一个创作平台，跨越了游戏、VR/AR、影视动画、人工智能等多个领域。

在如今全球 TOP1000 的游戏中，40% 使用了 Unity 创作。在新创作推出的游戏中有超过 50% 使用了 Unity 创作。Unity 在 VR 方面也处于领先位置，全球 70% 以上的 VR/AR 内容是基于 Unity 引擎打造而成的。使用 Unity 创作的 VR/AR 内容可以在绝大部分设备上良好运行，无论是 Microsoft HoloLens，还是 HTC Vive 或者 Oculus Rift，任何你所能见到的硬件设备上都能很好兼容。Unity 的注册使用用户已经上千万，全球范围内都遍布了 Unity 的开发者，Unity 创作的成功作品数不胜数，如《炉石传说》《纪念碑谷》《王者荣耀》《Pokémon Go》等等，每一天全球有数亿的用户同时在使用 Unity 创作的作品。

Unity 处于 3D 实时计算的技术变革创新前沿，在汽车行业、建筑行业、零售行业、医疗行业、影视动画等行业，Unity 带给这些领域的改变无时无刻不在进行中。

我们期望能够把更多的专业见解和行业技术，通过具有实战的例子来详细展示给大家。我们的目标是让更多的开发者、设计师了解和熟悉 Unity 公司产品的强大功能和友好的体验。最终的目的是创造梦想，成就非凡，激发和释放完美创意。

希望你能喜欢这本书，了解更多的关于 Unity 的信息，请登录我们的网站 https://unity3d.com/，并给我们提出你的宝贵意见。

Unity 大中华区总经理兼全球副总裁　张俊波

## 编委会

史 明　刘 杨　刘向群　吴 彬
谢 宁　邵 伟　许 春　潘科廷

# 目录

## 第 1 章　认识 Unity

### 1.1　Unity 的发展 .................................................. 14
### 1.2　用 Unity 开发的经典游戏案例 .................................. 14
### 1.3　Unity 在 VR/AR 领域里的应用 .................................. 16
#### 1.3.1　用 Unity 轻松构建 VR ...................................... 16
#### 1.3.2　Unity 对于 AR/VR 行业的影响 ............................... 16
### 1.4　如何安装 Unity 软件 ........................................... 17
动手操作：下载并安装 Unity 软件 ...................................... 17
动手操作：注册 Unity 账号 ............................................ 21
### 1.5　创建第一个 Unity 项目工程 .................................... 23
动手操作：Unity 新建工程 ............................................. 23
### 1.6　Unity Asset Store（Unity 资源商店） .......................... 25
动手操作：使用 Asset Store 资源商店 .................................. 25

## 第 2 章　Unity 的操作界面

### 2.1　界面布局 ...................................................... 30
#### 2.1.1　Hierarchy 层级视图 ........................................ 30
#### 2.1.2　Project 项目视图 .......................................... 30
#### 2.1.3　Inspector 检视视图 ........................................ 31
#### 2.1.4　Game 游戏视图 ............................................. 31
#### 2.1.5　Scene 场景视图 ............................................ 32
#### 2.1.6　Console 控制台视图 ........................................ 32
### 2.2　菜单栏 ........................................................ 33
动手操作：Scene 场景视图的操作 ....................................... 33
动手操作：Project Settings 的使用方法 ................................ 35
动手操作：导入 / 导出资源包 .......................................... 36
动手操作：查看 Unity Manual 和 Scripting Reference ................... 39

2.3 工具栏 ................................................................ 39
　　动手操作：改变游戏场景 ................................................ 41

## 第 3 章　Unity 场景设定

3.1 资源导入流程 ........................................................ 46
　　动手操作：3D 模型（含动画）的 FBX 导出 ............................... 48
3.2 组件的使用 .......................................................... 49
　　3.2.1 光源的使用 .................................................... 50
　　3.2.2 摄像机的使用 .................................................. 50
　　3.2.3 角色控制器 .................................................... 51
　　动手操作：建立角色控制器 ............................................ 51
　　3.2.4 天空盒 ........................................................ 53
　　动手操作：导入天空盒 ................................................ 53
　　3.2.5 雾效果与水效果 ................................................ 55
　　动手操作：添加自然效果 .............................................. 55
　　3.2.6 音效 .......................................................... 57
　　动手操作：添加音效 .................................................. 57

## 第 4 章　Unity 物理引擎

4.1 刚体 ................................................................ 60
4.2 碰撞体 .............................................................. 63
4.3 关节 ................................................................ 65
4.4 力场 ................................................................ 69
4.5 布料 ................................................................ 70
　　动手操作：布料组件的应用（毯子效果） ................................ 72
4.6 物理引擎实例 ........................................................ 74
　　动手操作：物理碰撞的应用 ............................................ 74

## 第 5 章　Shuriken 粒子系统

5.1 Shuriken 粒子系统概述 ............................................... 78
5.2 Shuriken 粒子系统参数讲解 ........................................... 79
　　5.2.1 Initial（初始化模块） ......................................... 79
　　5.2.2 Emission（发射模块） .......................................... 83
　　5.2.3 Shape（形状模块） ............................................. 84

5.2.4　Velocity over Lifetime（生命周期速度模块）..................87
　　　5.2.5　Color over Lifetime（生命周期颜色模块）......................88
　　　5.2.6　Size over Lifetime（生命周期粒子大小模块）..................88
　　　5.2.7　Renderer（粒子渲染器模块）..........................................90
　　　5.2.8　Particile Effect（粒子效果面板）......................................90
　5.3　Shuriken 粒子系统特效插件................................................................91
　　　5.3.1　Ultimate VFX v2.7..............................................................91
　　　5.3.2　Realistic Effects Pack 4......................................................92
　　　5.3.3　Magic Arsenal....................................................................92
　5.4　Shuriken 粒子系统案例........................................................................93
　　　*动手操作：运用粒子系统制作太阳日冕效果*........................93
　　　*动手操作：制作瀑布效果*........................................................100
　　　*动手操作：制作卡通爆炸效果*................................................104

## 第 6 章　Mecanim 动画系统

　6.1　Mecanim 动画系统概述....................................................................110
　　　*动手操作：准备 Unity-chan 人物*............................................111
　6.2　创建和配置 Avatar............................................................................112
　　　6.2.1　创建 Avatar........................................................................112
　　　6.2.2　配置 Avatar........................................................................113
　6.3　设置 Animator Controller（动画控制器）....................................114
　　　*动手操作：设置动画控制器*....................................................114
　6.4　设置 Blend Tress（动作混合树）..................................................116
　　　*动手操作：设置动作混合树*....................................................117
　6.5　控制人物走路方向............................................................................119

## 第 7 章　Unity 光照贴图技术

　7.1　光照贴图技术示例............................................................................122
　　　*动手操作：简单的光照渲染*....................................................122
　7.2　烘焙相关参数设置............................................................................126
　　　7.2.1　Object（物体）参数设置................................................126
　　　7.2.2　Light（光源）参数设置..................................................128
　　　7.2.3　Lighting 视图下 Scene 选项卡........................................130
　　　7.2.4　Lightmaps（光照贴图信息）选项卡..............................132

7.3 Real time GI .................................................................................................. 133
  7.3.1 全局光照介绍 ........................................................................................ 133
  7.3.2 GI 绘图的不同模式 ................................................................................ 133
7.4 Lightmap ...................................................................................................... 134
7.5 GI 与 Lightmap ............................................................................................. 134
7.6 光照贴图技术实例 ........................................................................................ 135
  动手操作：制作场景光照实例 ............................................................................ 135

## 第 8 章　C # 编程基础

8.1 HelloWorld！............................................................................................... 142
  动手操作：我的第一个 C# 程序 .......................................................................... 142
8.2 Unity 第三方脚本编辑器 .............................................................................. 144
  动手操作：更改脚本编辑器 ................................................................................ 144
8.3 MonoBehaviour 类 ....................................................................................... 146
  8.3.1 必然事件 ................................................................................................ 146
  8.3.2 Collision 事件 ........................................................................................ 148
  8.3.3 Trigger 事件 .......................................................................................... 149
8.4 GameObject 类 ............................................................................................. 151
  8.4.1 Instantiate 实例化 ................................................................................. 151
  8.4.2 Destory 销毁 ......................................................................................... 152
  8.4.3 GetComponent 获取组件 ....................................................................... 152
  8.4.4 SetActive 显示 / 隐藏游戏对象 .............................................................. 153
8.5 Transform 类 ................................................................................................ 154
  动手操作：控制物体移动和旋转 ........................................................................ 155
8.6 Rigidbody 类 ................................................................................................ 156
8.7 Time 类 ......................................................................................................... 157
  动手操作：每隔 5 秒前进 2 米 ............................................................................ 158
8.8 Random 类和 Mathf 类 ................................................................................ 159
  8.8.1 Mathf 类 ................................................................................................ 159
  动手操作：小球来回摆动 .................................................................................... 160
  8.8.2 Random 类 ............................................................................................ 161
  动手操作：随机改变颜色 .................................................................................... 161
8.9 Coroutine 协同 ............................................................................................. 161
  动手操作：协同程序 ............................................................................................ 162

8.10　游戏实例：扔骰子 .................................................................................... 163

## 第 9 章　Unity 5 图形用户界面——UGUI

9.1　UGUI 图形用户界面系统 ........................................................................... 170

　　动手操作：将图片设置为 Sprite ........................................................................ 170

9.2　UGUI 控件系统介绍 .................................................................................... 170

　　9.2.1　Canvas 画布 ............................................................................................. 170

　　9.2.2　Text 文本 .................................................................................................. 172

　　动手操作：制作时钟 ........................................................................................... 173

　　9.2.3　Image 图像 ............................................................................................... 174

　　动手操作：制作进度条 ....................................................................................... 175

　　9.2.4　Raw Image 原始图像 ............................................................................... 177

　　动手操作：Raw Image 播放视频 ....................................................................... 177

　　9.2.5　Button 按钮 .............................................................................................. 179

　　动手操作：Button 的使用 .................................................................................. 180

　　9.2.6　Toggle 开关 .............................................................................................. 181

　　动手操作：利用 Toggle 来开关音乐 ................................................................. 182

　　9.2.7　Slider 滑动条 ........................................................................................... 185

　　动手操作：利用 Slider 滑动条来调整音量 ....................................................... 186

　　9.2.8　InputField 文本框 .................................................................................... 188

9.3　Rect Transform 矩形变换 ............................................................................ 190

　　9.3.1　Pivot 轴心点 ............................................................................................. 190

　　9.3.2　Anchors 锚框 ........................................................................................... 191

9.4　UGUI 界面布局实例 .................................................................................... 193

　　动手操作：我的第一个"游戏主菜单"界面 ................................................... 193

## 第 10 章　Shader 着色器基本知识

10.1　认识 Shader ................................................................................................ 198

　　动手操作：制作第一个 Shader ......................................................................... 199

10.2　Shader 基本语法 ........................................................................................ 201

10.3　着色器的两种自定义 ................................................................................ 205

　　10.3.1　Surface Shader（表面着色器） ............................................................ 205

　　10.3.2　Vertex and Fragment Shader（顶点和片段着色器） ........................... 209

10.4　Unity Shader 案例：制作金属材质 .......................................................... 212

## 第 11 章　游戏资源打包

### 11.1　认识 AssetBundle .................................................. 218
### 11.2　创建 AssetBundle .................................................. 218
　　动手操作：创建 AssetBundle ........................................ 219
### 11.3　下载 AssetBundle .................................................. 221
　　11.3.1　不使用缓存 .................................................... 221
　　11.3.2　使用缓存 ...................................................... 222
### 11.4　AssetBundle 加载和卸载 ........................................... 223
　　11.4.1　AssetBundle 加载 .............................................. 223
　　11.4.2　AssetBundle 卸载 .............................................. 223
　　动手操作：加载和卸载 AssetBundle .................................. 224

## 第 12 章　跨平台发布

### 12.1　平台发布设置 ..................................................... 226
### 12.2　发布单机版游戏 .................................................. 227
### 12.3　发布 Android 版游戏 ............................................. 228
　　动手操作：Java SDK 的环境配置 ..................................... 228
　　动手操作：安装 Android Studio ..................................... 229
　　动手操作：配置 Unity ............................................... 230
　　动手操作：发布 Android 版 ......................................... 231
### 12.4　发布 iOS 版游戏 ................................................. 231
　　动手操作：安装 XCode .............................................. 232
　　动手操作：发布 iOS 版 ............................................. 232
### 12.5　发布 WebGL ...................................................... 233
　　动手操作：发布 WebGL .............................................. 234
### 12.6　发布虚拟现实平台 ................................................ 236
　　动手操作：发布 Oculus 平台 ........................................ 237

## 第 13 章　Unity Services（Unity 服务）

### 13.1　Unity Services（Unity 服务）介绍 ............................... 240
　　动手操作：在 Unity 开发者控制面板创建项目 ......................... 241
### 13.2　Unity Ads（Unity 广告） ........................................ 243

动手操作：使用 Unity Ads（Unity 广告） ...................................................243

13.3　Unity Analytics（Unity 数据分析） ...................................................245

动手操作：使用 Unity Analytics（Unity 数据分析） ...................................245

13.4　Unity Certified（Unity 认证） ...........................................................248

13.5　Unity Cloud Build（Unity 云构建） ...................................................249

13.6　Unity Collaborate（Unity 协同服务） ................................................249

动手操作：使用 Unity Collaborate .................................................................250

13.7　Unity IAP（Unity 应用程序内置购买） ..............................................250

动手操作：使用 Unity IAP ..............................................................................251

13.8　Unity Performance Reporting（Unity 性能报告） ..............................251

动手操作：使用 Unity Performance Reporting .............................................252

## 第 14 章　Unity 综合案例——炸弹人（双人战）

14.1　游戏介绍 ..................................................................................................254

14.2　建立项目及准备素材 ..............................................................................255

14.3　场景搭建 ..................................................................................................256

14.4　用键盘控制炸弹人的行为 ......................................................................258

14.5　投掷炸弹的交互制作 ..............................................................................263

14.6　创建爆炸 ..................................................................................................265

14.7　让爆炸变得更大 ......................................................................................266

14.8　连锁反应 ..................................................................................................269

14.9　炸墙壁 ......................................................................................................270

14.10　炸弹人死亡 ............................................................................................271

14.11　游戏结束界面 ........................................................................................272

14.12　本章小结 ................................................................................................274

## 第 15 章　Unity 2017 版的新特性及使用

15.1　Unity 2017 版概述 ..................................................................................276

15.2　Timeline（时间轴） ................................................................................277

动手操作：Timeline 的使用 ............................................................................278

15.3　Cinemachine（智能摄像机） ................................................................281

动手操作：Cinemachine 的使用 ....................................................................282

15.4　Post-processing（后期处理） ................................................................284

15.4.1　Antialiasing（抗锯齿）.................................................................................284

15.4.2　Ambient Occlusion（环境光遮蔽）...................................................................285

15.4.3　Screen Space Reflection（屏幕空间反射）........................................................285

15.4.4　Depth of Field（景深特效）...........................................................................286

15.4.5　Motion Blur（运动模糊）..............................................................................286

15.4.6　Eye Adaptation（人眼调节）.........................................................................286

15.4.7　Bloom（泛光特效）......................................................................................287

15.4.8　Color Grading（颜色分级）...........................................................................287

15.4.9　User Lut（用户调色预设）.............................................................................288

15.4.10　Chromatic Aberration（色差）......................................................................288

15.4.11　Grain（颗粒）............................................................................................288

15.4.12　Vignette（渐晕）........................................................................................289

动手操作：Post Processing 的使用..............................................................................289

## 附录　C# 基本语法

### 一、变量..........................................................................................................292

1. 变量的命名规则.............................................................................................292

2. 声明变量的方法.............................................................................................292

3. 变量的基本类型.............................................................................................293

动手操作：使用变量...........................................................................................293

### 二、运算符......................................................................................................294

动手操作：使用运算符.......................................................................................295

### 三、控制语句..................................................................................................296

1. 条件语句.......................................................................................................296

2. 循环语句.......................................................................................................298

# 第 1 章

## 认识 Unity

## 1.1　Unity 的发展

Unity 是由 Unity Technologies 开发的一款让你轻松创建三维视频游戏、建筑可视化、实时三维动画等类型互动内容的多平台的综合型游戏开发工具，是一个全面整合的专业游戏引擎，其标志如图 1.1 所示。

图 1.1

Unity 开发团队成立于 2001 年，2007 年发布 Unity2.0 版，2009 年推出免费版本推广使用，2010 年三月推出 Unity3.0 版本。至 2017 年全球已有超过 550 万注册开发者使用 Unity，从 3A 公司到任何规模的工作室，不论多小的团队都能创作出令人赞叹的游戏和体验，同时开发者通过 Unity 的广告和数据分析服务也能获得盈利。

Unity 引擎的优势在于，可以跨平台开发，相较于其他大型游戏开发引擎费用更划算，可大幅降低开发成本。Unity 由 C++ 语言写成，与 C# 程序语言整合，具有充分的延伸应用空间。同时 Asset Store 提供了海量的应用插件及设计素材，给用户和开发人员提供了广阔的双赢平台。

Unity 提供了 Personal 个人免费版、个人加强版 Plus、Pro 版以及企业版 Enterprise。免费版虽然简化了一些功能，却打破了游戏引擎公司靠卖 License 赚钱的常规，采用了更为流行的利益分成模式。收费版本功能自然更为强大，可带来自定义启动画面、游戏分析和变现、性能报告工具、Unity Ads 广告、Cloud Build 云构建、Analytics 分析、Multiplayer 多人联网等一系列内容。

## 1.2　用 Unity 开发的经典游戏案例

Unity 强大的跨平台能力，很难让人再挑剔，完美地支持当今最火的 Web、iOS 和 Android 等系统。另据国外媒体"游戏开发者"调查，Unity 是开发者使用最广泛的移动游戏引擎，超过 53% 的开发者正在使用，同时在游戏引擎里哪种功能最重要的调查中，"快速的开发时间"排在了首位，很多 Unity 用户认为这款工具易学易用，一个月就能基本掌握其功能。截止至 2017 年 6 月，用 Unity 游戏引擎来开发的知名游戏已有很多，下面罗列几款经典案例。

超级马里奥 RUN

纪念碑谷 2

Pokémon Go

过山车大亨——世界

愤怒的小鸟 2

炉石传说

## 1.3　Unity 在 VR/AR 领域里的应用

当前 VR、AR 技术得到了普遍关注，成为了当下火热的发展趋势。2016 年游戏开发者大会（GDC）更是掀起了一股 AR 和 VR 游戏热潮，VR 几乎已经成为整场大会的关键字。专家预测虚拟现实（VR）以及增强现实（AR）会在未来 4 到 5 年里颠覆大家的娱乐方式。也就是说我们现在正在叩响一个新时代的大门，Unity 就是打开这座大门的钥匙。

### 1.3.1　用 Unity 轻松构建 VR

Unity 5 版本中，开发者开发 VR 项目将不再需要 SDK、Pro Licenses 和 Plugin Package，开发者只需要手上有 HMDs 和安装对应 Drivers（Runtime），就能使用 Unity 5 随心所欲地开发自己的 VR 项目。Unity 5 中新添加了"Virtual Reality Support"选项，开发者通过简单的勾选就能实现 VR 项目中略显复杂的 Camera Controller 的设置。

### 1.3.2　Unity 对于 AR/VR 行业的影响

Unity 也表示将利用新的融资加快在 AR 和 VR 领域的布局，计划拥有全球全功能游戏引擎市场的 45% 和更多的移动 3D 游戏市场份额。实际上 Unity 的产业重心早已向 VR/

AR 偏移，在 2017 年 2 月 Oculus 的 CEO 就曾表示三星 Gear VR 平台上 90% 的内容都是通过 Unity 工具制作的。目前 Unity 也是桌面 VR 开发的主要领军人之一，甚至拥有自制游戏引擎的 Valve 都选择使用 Unity 来开发 VR 作品。

Unity 近年来发展迅速，截止目前，Unity 引擎的注册开发者已超过 550 万人数，AR/VR 云设计 1 万人。Barry Schuler（德丰杰投资人）表示："Unity 的平台彻底改变了游戏行业，让从独立团队到 3A 公司等任何规模的工作室都能创作引人瞩目的游戏和体验，并使用他们的广告和数据分析服务获得盈利。现在 Unity 将利用他们独特的引擎推进 AR/VR 产业的发展，使得所有开发工作室支持所有的硬件平台，从而无需只选择其中一家。"

当然开发者最关心的就是 Unity 最新一代的 VR 编辑器——Carte Blanche。这款编辑器操作简便，拥有 VR 里的 Siri 语音助手「U」以及卡片式的用户界面。无论是经验丰富的开发者还是刚入行的新人都能轻松制作 VR 游戏和其他内容。Unity 一直致力于帮助开发者实现梦想，希望在强大引擎的帮助下，未来能涌现出更多新颖的 VR/AR 内容。

## 1.4 如何安装 Unity 软件

这么神奇的游戏引擎如何使用呢？我们先从下载和安装开始学习吧。

**动手操作：下载并安装 Unity 软件**

❶ 首先打开 Unity 官网：https://unity3d.com/cn/。若页面显示的是英文，可以在网页底部的 Language 选项中设置网页的语言，选择简体中文，如图 1.2 所示，然后回到网站顶部，点击"获取 Unity"按钮，进入下载页面，如图 1.3 所示。

图 1.2

图 1.3

② 在下载页面中单击"下载个人版",如图 1.4 所示,跳转到下载页面,单击"下载安装程序",开始下载到电脑,如图 1.5 所示。

图 1.4　　　　　　　　　　　　　　　图 1.5

③ 下载完成后,打开 Unity Download Assistant 安装包,并单击 Next 按钮,进行下一步,如图 1.6 所示。

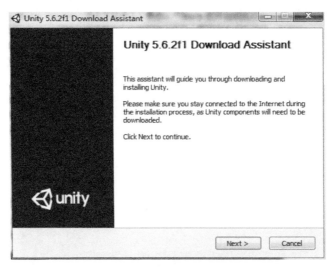

图 1.6

④ 进入 License Agreement,勾选"I accept the terms of the License Agreement"选项,单击 Next 按钮,进行下一步,如图 1.7 所示。

⑤ 根据个人电脑的操作系统来选择 64 位或者 32 位,然后单击 Next 按钮,进行下一步,如图 1.8 所示。

⑥ 进入 Choose Components(组件选择)面板,除了默认勾选的选项外,剩下选项为各个平台的支持,勾选后可以导出各个平台,若全不选的话,则只能输出默认的 Standalone 平台,例如:如果不勾选"iOS Build Support"是无法输出 Xcode 工程的。建议大家保持默认选项,并单击 Next 按钮,进行下一步,如图 1.9 所示。

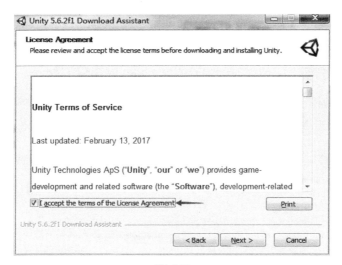

图 1.7

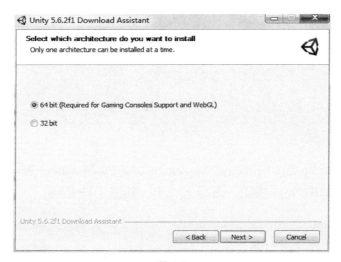

图 1.8

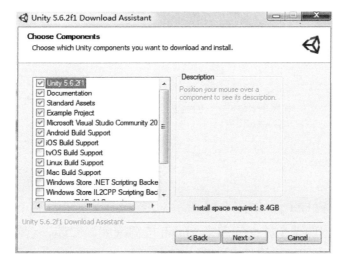

图 1.9

**7** 进入安装路径界面窗口，"Specify location of files downloaded during installation"栏里的第一个选项是安装成功后自动将下载的安装包删除，第二个选项是将安装包下载到指定路径，建议选择第二个选项，以免在其他电脑安装 Unity 时重复下载。

"Unity install folder"栏是指定安装的目标文件夹，可以单击 Browse 按钮来选择一个合适的路径，然后单击 Next 按钮，进行下一步，如图 1.10 所示。

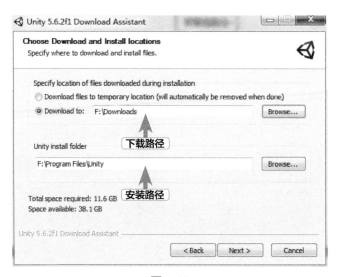

图 1.10

**8** 进入 Visual Studio 2017 License Agreement，勾选"I accept the terms of the License Agreement"选项，单击 Next 按钮，进行下一步，如图 1.11 所示。

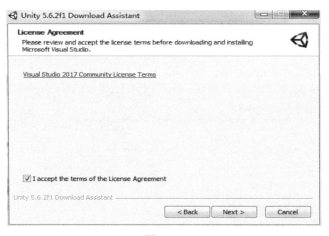

图 1.11

**9** 开始下载并安装 Unity，如图 1.12 所示。

**10** 安装成功后出现这个界面，单击 Finish 按钮来完成安装，若勾选"Launch Unity"选项，安装完成后会立即运行软件，如图 1.13 所示。

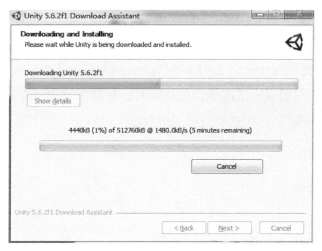

图 1.12

图 1.13

### 动手操作：注册 Unity 账号

**1** 第一次运行 Unity，会出现登录页面，单击 create one 蓝色字样按钮，进行注册账号操作，如图 1.14 所示。

图 1.14

❷进入注册账号网页界面，分别需要填入 Email（电子邮箱）、Password（密码）、Username（用户名）、Full name（个人姓名）信息，然后根据下面粗体单词提示选中正确图标后，勾选同意协议"I agree to the Unity Terms of Use and Privacy Policy"选项，单击 Create a Unity ID 绿色按钮来完成注册自己的账号，如图1.15所示。（注意：设置密码需要符合含有大写、小写、数字、八位字符以上的要求）

图 1.15

❸打开自己的邮箱单击 Link to confirm email 完成验证后，单击之前注册页面的 Continue 蓝色按钮即完成注册，如图1.16所示。

图 1.16

❹回到登录页面输入注册好的邮箱和密码后，点击 Sign In 蓝色按钮跳转到 License management 页面。其中，Unity Plus or Pro 是加强版或专业版，Unity Personal 是个人版，如图1.17所示。根据下载时选择对应勾选，单击 Next 按钮显示 License agreement 对话框，新手勾选最后一个选项"I don't use Unity a professional capacity"即可，再单击 Next 进行下一步，如图1.18所示。

❺完成最终注册，这时单击 Start Using Unity 就可以开始体验 Unity 软件的使用了，如图1.19所示。

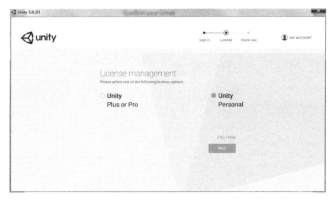

图 1.17

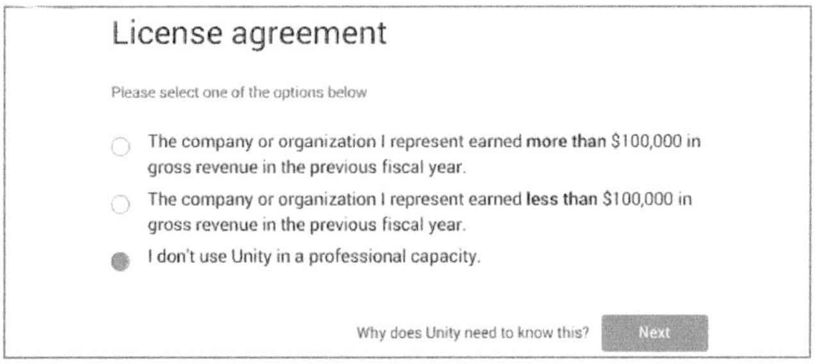

图 1.18

图 1.19

## 1.5 创建第一个 Unity 项目工程

**动手操作：Unity 新建工程**

❶ 运行 Unity，系统会弹出如图 1.20 所示的对话框，我们会看到一个 Unity 官方制作的一个范例游戏，有兴趣的话可以试玩官方制作的游戏。不过大家先不要着急，我们先来了解一下如何操作 Unity 游戏引擎，新建一个项目工程文件。

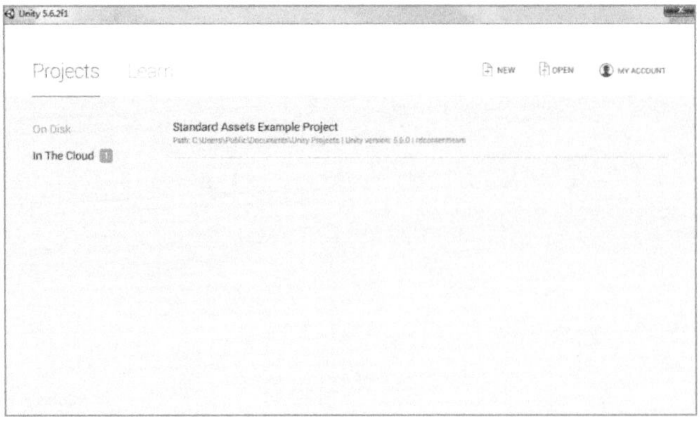

图 1.20

❷单击右上角的 New 按钮，跳转到新建工程对话框，在 Project Name 输入 MyUnity，在 Location 选择工程项目存储的文件夹路径，单击 Create project 蓝色按钮即创建 Unity 项目工程，如图 1.21 所示。特别注意的是 Unity 不支持中文路径，项目名称必须是英文。

图 1.21

❸Unity 会自动创建一个空的项目工程，其中场景里自带了一个名为 Main Camera 的摄像机和名为 Directional Light 的平行光，如图 1.22 所示。新建项目工程后，大家就可以开始探索 Unity 了，可以使用各项功能和测试项目。

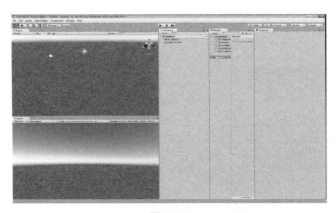

图 1.22

## 1.6　Unity Asset Store（Unity 资源商店）

创建游戏时，通过 Asset Store 中的资源可以节省时间、提高效率，包括人物模型、动画、粒子特效、文字、游戏创作工具、音频特效、音乐、可视化编程解决方案、功能脚本等。其他各类扩展插件也全都能在这里获得。作为一个发布者，你可以在资源商店中出售或者负责提供你的资源，从而在广大 Unity 用户中建立和加强知名度以获得盈利，程序中的 Asset Store 如图 1.23 所示。

值得一提的是，Asset Store 还能为用户提供技术支持服务。Unity 已经和业内一些最好的在线服务商展开了合作，

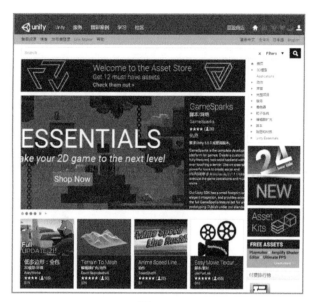

图 1.23

用户只需下载相关插件，便可获得包括企业级分析、综合支付、增值变现服务等在内的众多解决方案。

随着 Unity 5 版本引擎的推出，Asset Store 已推出包括简体中文、英语、日语、韩语四种语言界面模式，方便全球 Unity 粉丝开发与使用。针对 Unity Pro 用户，Asset Store 同时提供 level 11 服务，为专业开发者提供更多的免费和折扣资源。

相信读者已经对 Asset Store 已经有了基本的了解，接着将结合实际操作来讲解在 Unity 中如何使用 Asset Store 相关资源。

**动手操作：使用 Asset Store 资源商店**

① 在 Unity 中依次打开菜单栏中的 Windows → Asset Store 命令，或者按【Ctrl+9】组合键打开 Asset Store 资源商店视图，如图 1.24 所示。

② 打开 Asset Store 资源商店视图后，首先显示的是主页，可以看到主页的布局，下拉可以调整语言模式以方便用户更顺畅地阅读探索，如图 1.25 所示。

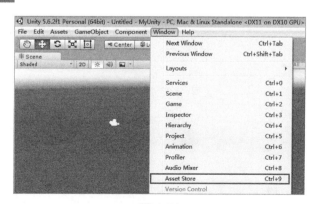

图 1.24

③ 单击下拉按钮出现资源分类区，在资源分类区中依次打开"完整项目 / 教学"，这样在下拉的区域中会显示 Unity 相应的技术 Demo，如图 1.26 所示。找到 Acrocatic，单击即可打开 Acrocatic 资源的详细介绍，如图 1.27 所示。

图 1.25

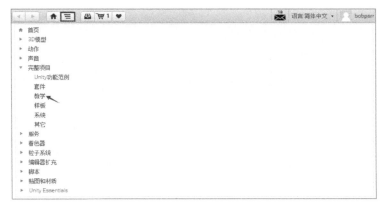

图 1.26

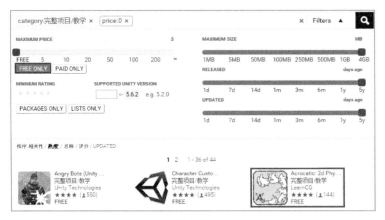

图 1.27

④ 在打开 Acrocatic 资源详细页面，可以查看该资源对应的分类、发行商、评级、版本号、文件大小、售价和简要介绍等相关信息。用户还可以预览该资源的相关图片，在

Package Contents 区域浏览资源的文件结构等内容，如图 1.28 所示。

图 1.28

⑤ 在 Acrocatic 页面，单击"下载"按钮，开始下载资源。当完成资源下载后，Unity 会自动弹出 Importing Unity Package 对话框，对话框左侧是需要导入的资源文件列表，右侧是资源对应的缩略图，单击 Import 按钮，将下载的资源导入当前的 Unity 项目中，如图 1.29 所示。

⑥ 资源导入完成后，在 Project 项目视图中的 Assets 文件夹下会显示出导入后的 Acrocatic 目录，单击 Acrocatic 后的 Scenes，在展开的列表里双击 v1.0-Basic.unity 图标即可载入该案例，如图 1.30 所示。

图 1.29

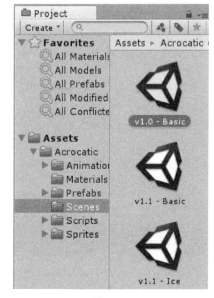

图 1.30

7 单击播放按钮即可运行这个案例，如图 1.31 所示。

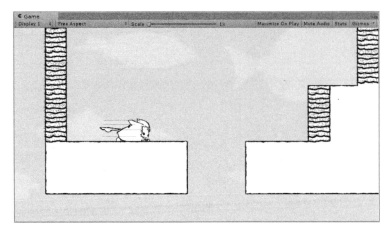

图 1.31

8 用户还可以在 Asset Store 资源商店视图中，通过单击 图标显示 Unity 标准的资源包和用户已下载的资源包。对于已下载的资源包，可以通过单击"导入"按钮将其加载到当前的项目中，如图 1.32 所示。

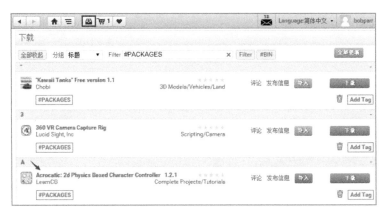

图 1.32

# 第 2 章

## Unity 的操作界面

## 2.1 界面布局

本章我们来认识 Unity 最为重要板块，也就是打开 Unity 后呈现在我们面前的界面。认识界面布局和各项功能后，我们就能开始"驾驶"这辆功能强大的航母啦。Unity 的主编辑器由若干个选项卡窗口组成，这些窗口统称为视图，每个视图都有其特定的作用。在这里先介绍 Unity 常用的视图，后续将结合实例对其他视图做进一步的详细介绍。界面分布包含菜单栏、层级视图、项目视图、检视视图、游戏视图、场景视图及分析器视图和控制台视图等，如图 2.1 所示。

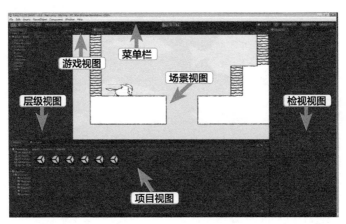

图 2.1

### 2.1.1 Hierarchy 层级视图

Hierarchy（层级视图）显示当前场景中的每个 GameObject（游戏对象），包含摄影机、灯光和模型等，以文字的方式显示在列表中。可在 Hierarchy（层级视图）中选择对象并将一个对象拖到另一个对象内，以应用 Parenting（父子化）。在场景中添加和删除对象后，还将在 Hierarchy（层级视图）中显示，如图 2.2 所示。

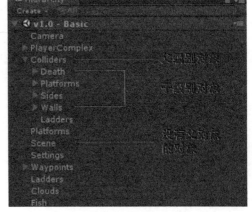

图 2.2

### 2.1.2 Project 项目视图

Project（项目视图）包含整个工程中所有可用的资源，例如模型、脚本等。每个 Unity 项目文件夹都会包含一个 Assets 文件夹，Assets 文件夹是用来存放用户所创建的对象和导入的资源，并且这些资源是以目录的方式来组织的，如图 2.3 所示。

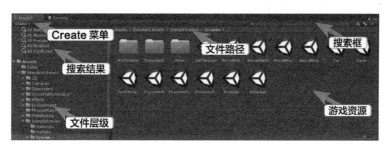

图 2.3

## 2.1.3 Inspector 检视视图

Inspector（检视视图）用于显示当前所选游戏对象的相关属性与信息，还用于显示资源的属性、内容以及渲染设置、项目设置等参数，如图 2.4 所示。

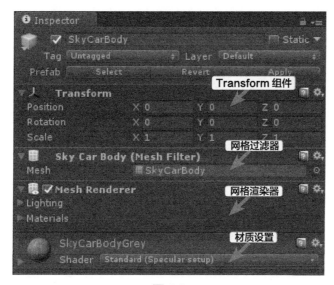

图 2.4

## 2.1.4 Game 游戏视图

Game（游戏视图）是游戏预览窗口，由场景中相机所渲染的游戏画面，就是说游戏发布后玩家所能看到的内容，如图 2.5 所示。

图 2.5

通过单击工具栏中的▶按钮即可在 Game 窗口进行游戏的实时预览，方便游戏调试和开发。▶ ⅠⅠ ▶Ⅰ 功能分别如下。

（1）▶预览游戏，单击该按钮，编辑器会激活 Game 视图；再次单击▶则退出预览模式。

（2）ⅠⅠ暂停播放，用来暂停游戏，再次按下该键可以让游戏从暂停的地方继续运行。

（3）▶Ⅰ逐帧播放，用来逐帧预览播放的游戏。按帧来运行游戏，方便用户查找游戏存在的问题

## 2.1.5 Scene 场景视图

Scene（场景视图）用于设置场景以及放置游戏对象，是构造游戏场景的地方。它也是 Unity 最常用的视图之一，场景中所用到的模型、光源、摄像机等都显示在此窗口，如图 2.6 所示。

图 2.6

## 2.1.6 Console 控制台视图

Console（控制台视图）是 Unity 中重要的调试工具，按下【Ctrl + Shift + C】快捷键来打开该视图，控制台会显示输出调试信息，项目中的错误、警告或消息，如图 2.7 所示。

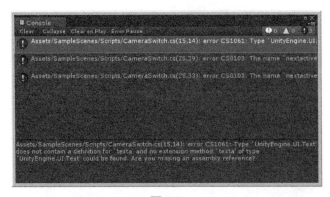

图 2.7

## 2.2 菜单栏

菜单栏集成了 Unity 的所有功能，通过菜单栏的学习可以对 Unity 各项功能有直观而清晰的了解。Unity 默认情况下共有 8 个菜单项，分别是 File（文件）、Edit（编辑）、Assets（资源）、GameObject（游戏对象）、Component（组件）、Window（窗口）、Help（帮助）。在这里简单介绍菜单栏中各个菜单项，详细用法将在后续的章节中有更细致的介绍。菜单栏和大部分软件一样，位于所有视图的顶端，如图 2.8 所示。

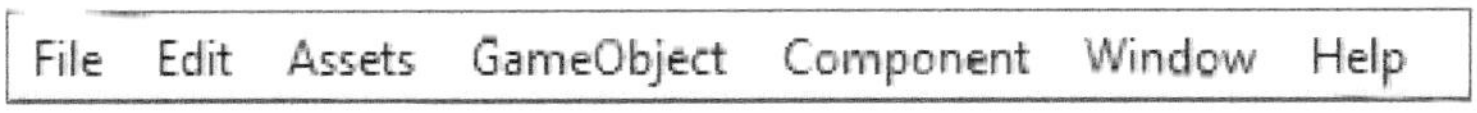

图 2.8

File 文件菜单主要包含工程与场景的创建、保存以及输出等功能，如表 2.1 所示。

表 2.1

| New Scene | 新建场景 | Open Project... | 打开工程... |
| --- | --- | --- | --- |
| Open Scene | 打开场景 | Save Project... | 保存工程... |
| Save Scenes | 保存场景 | Build Settings... | 发布设置... |
| Save Scene as... | 场景另存为... | Build & Run | 发布并运行 |
| New Project... | 新建工程... | Exit | 退出 |

**动手操作：Scene 场景视图的操作**

❶ 选择菜单 File（文件）→ OpenProject（打开工程）命令并选择 Standard Assets Example Project 来打开 Unity 官方案例项目，如图 2.9 所示。

图 2.9

❷ Scene 场景视图是构造游戏场景的地方，选择菜单 File（文件）→ Open Scene（打开场

景）命令，在 Assets\SampleScenes\Scenes 文件里选择 Car.unity 来打开场景，如图 2.10 所示。

3 我们通过 Scene 场景视图来进行三维可视化的操作，操作方法如下。

① 旋转视角：同时按下【Alt+ 鼠标左键】快捷键，以当前轴心点来旋转视角。

② 移动视角：按住鼠标中键不放，移动场景的视角。

③ 缩放视角：滚动鼠标中键的滚轮（或者同时按【Alt+ 鼠标右键】快捷键），缩放场景的视角。

④ 飞行视角：按住鼠标右键不放，单击 W/S/A/D 键以第一人称视角在 Scene 视图中飞行浏览。

4 通过 Scene 场景视图的右上角 Scene Gizmo 工具，将摄像机的视角切换到预设的视角上，如图 2.11 所示。

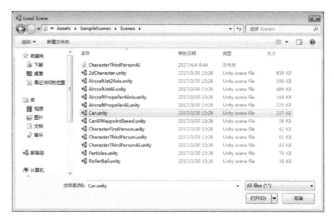

图 2.10

图 2.11

Edit（编辑）菜单主要包含对操作的处理，比如撤销、剪切、复制等，如表 2.2 所示。

表 2.2

| Undo | 撤销 |
| --- | --- |
| Redo | 恢复 |
| Cut | 剪切 |
| Copy | 拷贝 |
| Paste | 粘贴 |
| Duplicate | 复制 |
| Delete | 删除 |
| Frame Selected | 居中并最大化显示当前选中的物体 |
| Lock View to Selected | 无论是否平移，都锁定被选中物体的视角 |
| Find | 查找 |
| Select All | 全选 |
| Preferences… | 偏好设置… |

续表

| Modules... | 模块管理器 ... |
|---|---|
| Play | 播放 / 运行 |
| Pause | 暂停 |
| Step | 单帧 |
| Sign in... | 登录 ... |
| Sign out | 登出 |
| Selection | 选择 |
| Project Settings | 工程设置 |
| Network Emulation | 网络模拟 |
| Graphics Emulation | 图形模拟 |
| Snap Settings... | 对齐设置 ... |

### 动手操作：Project Settings 的使用方法

❶ Project Settings 是用来对工程项目进行相应的设置，包括输入、音频、画面质量等设置，下面以 Quality（画面质量）为例。选择菜单 Edit（编辑）→ Project Settings（工程设置）→ Quality（画面质量）命令，如图 2.12 所示。

❷ Quality 可以设置渲染图像的质量级别。一般来说，图形质量越高会导致帧速率降低，因此最好不要在移动设备或旧的硬件上使用最高图形质量，这会对游戏产生不好影响。选择 Fastest、Fast、Simple、Good、Beautiful 和 Fantastic 不同级别可观察画面的效果，如图 2.13 所示。

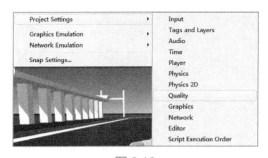

图 2.12

图 2.13

Assets（资源）菜单可以支持使用者创建一些资源，比如脚本文件、预设体、材质球等，如表 2.3 所示。

表 2.3

| Create | 创建 |
|---|---|
| Show in Explorer | 在资源管理器中显示资源 |

续表

| Open | 打开选中的资源 |
|---|---|
| Delete | 删除选中的资源 |
| Open Scene Additive | 打开附加路径场景 |
| Import New Asset... | 导入新资源... |
| Import Package | 导入资源包 |
| Export Package | 导出资源包 |
| Find References In Scene | 在当前场景中查找 |
| Select Dependencies | 选择某一物体后,迅速查找与物体有关的资源 |
| Refresh | 刷新场景 |
| Reimport | 重新导入当前场景 |
| Reimport All | 重新导入所有场景 |
| Run API Updater... | 更新 API... |
| Open C# Project | 打开 C# 工程项目 |

**动手操作:导入/导出资源包**

**1** 在 Project 项目视图中选择文件夹,并右键单击选择 Export Package,如图 2.14 所示。

**2** 弹出 Exporting package 对话框,单击 All 按钮全部选中,然后单击 Export 按钮,导出资源包,如图 2.15 所示。

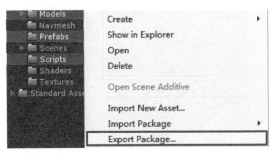
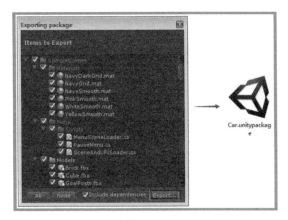

图 2.14　　　　　　　　　　　　　图 2.15

**3** 选择菜单 File(文件)→ New Project(新建工程)命令新建 Unity 工程项目,然后在 Project 项目视图中,右键单击选择 Import Package,选择刚才导出的资源包,成功将资源导入到新项目里。

GameObject(游戏对象)菜单用来创建、显示游戏对象,以及创建父子关系,比如灯光、粒子系统、模型等,如表 2.4 所示。

表 2.4

| Create Empty | 创建空游戏对象 |
|---|---|
| Create Empty Child | 创建子游戏对象 |
| 3D Object | 创建 3D 游戏对象 |
| 2D Object | 创建 2D 游戏对象 |
| Light | 创建灯光 |
| Audio | 创建音频 |
| UI | 创建 UGUI |
| Particle System | 创建粒子系统 |
| Camera | 创建摄像机 |
| Center On Children | 子物体归位到父物体中心点 |
| Make Parent | 创建父子集 |
| Clear Parent | 取消父子集 |
| Apply Changes To Prefab | 将改变的内容应用到预设体 |
| Break Prefab Instance | 取消预设体模式 |
| Set as first sibling | 设置为第一个子集 |
| Set as last sibling | 设置为最后一个子集 |
| Move To View | 移动游戏对象到视图的中心点 |
| Align With View | 移动游戏对象与视图对齐 |
| Align View to Selected | 移动视图与游戏对象对齐 |
| Toggle Active State | 控制游戏对象的激活状态 |

Component（组件）菜单是用来添加到游戏对象上的一组相关的属性，本质上每个组件是一个类的实例，如表 2.5 所示。

表 2.5

| Add... | 添加组件 ... |
|---|---|
| Mesh | 添加网格类型的组件 |
| Effects | 添加特效类型的组件 |
| Physics/Physics 2D | 添加物理类型的组件（3D/2D） |
| Navigation | 添加导航类型的组件 |
| Audio | 添加音频类型的组件 |
| Rendering | 添加渲染类型的组件 |
| Layout | 添加与 UI 界面布局相关的组件 |
| Miscellaneous | 添加杂项的组件 |
| Event | 添加与事件监听相关的组件 |
| UI | 添加与 UI 界面相关的组件 |

Window（窗口）菜单是 Unity 编辑器包含各种窗口切换、布局等操作的菜单，通过它还可以打开各种视图以及访问 Unity 的 Asset Store 资源商店，如表 2.6 所示。

表 2.6

| | |
|---|---|
| Next Window | 切换下一个窗口 |
| Previous Window | 切换上一个窗口 |
| Layouts | 布局选项 |
| Services | 服务视图 |
| Scene | 场景视图 |
| Game | 游戏视图 |
| Inspector | 检视视图 |
| Hierarchy | 层次视图 |
| Project | 项目视图 |
| Animation | 动画编辑器视图 |
| Profiler | 分析器视图 |
| Audio Mixer | 音频混合器窗口 |
| Asset Store | Unity 资源商店 |
| Version Control | 版本控制视图 |
| Collab History | 合作历史视图 |
| Animator | 动画控制器视图 |
| Animator Parameter | 动画参数视图 |
| Sprite Packer | Sprite 打包工具视图 |
| Experimental | 实验性视图 |
| Holographic Emulation | 全息仿真视图 |
| Test Runner | 集成测试视图 |
| Lighting | 烘焙窗口视图 |
| Occlusion Culling | 遮挡剔除视图 |
| Frame Debugger | 帧调试器视图 |
| Navigation | 导航寻路视图 |
| Physics Debugger | 物理调试器视图 |
| Console | 控制台视图 |

Help（帮助）菜单是 Unity 提供给使用者的帮助菜单，方便开发者快速学习和掌握 Unity，如表 2.7 所示。

表 2.7

| About Unity... | 关于 Unity... |
| --- | --- |
| Manage License... | 管理授权许可... |
| Unity Manual | Unity 手册 |
| Scripting Reference | 脚本参考手册 |
| Unity Services | Unity 服务 |
| Unity Forum | Unity 论坛 |
| Unity Answers | Unity 问答 |
| Unity Feedback | Unity 反馈 |
| Check for Updates | 检查新版本 |
| Download Beta | 下载测试版本 |
| Release Notes | 发布说明 |
| Report a Bug... | 提交 Bug... |

**动手操作：查看 Unity Manual 和 Scripting Reference**

① 选择菜单 Help（帮助）→ Unity Manual（Unity 手册）命令来打开默认浏览器，并显示出 Unity 手册，初学者可以阅读此手册来全面了解 Unity 的使用，如图 2.16 所示。

② 选择菜单 Help（帮助）→ Scripting Reference（脚本参考手册）命令来打开默认浏览器，并显示出脚本参考手册。初学者可查询脚本的

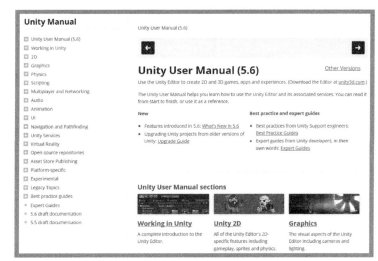

图 2.16

类以及它们的方法、属性和其他有关信息，并学习提供的示例脚本。

## 2.3 工具栏

Unity 的工具栏包括五个基本控制，位于菜单栏的下方，如图 2.17 所示。

图 2.17

（1）Transform 变换工具：用来控制和操作场景以及游戏对象，主要应用于 Scene 场景视图，每个工具的用法如表 2.8 所示。

表 2.8

| 工具 | 名称 | 快捷键 | 说明 |
| --- | --- | --- | --- |
|  | Hand（手形）工具 | Q | 平移 Scene 视图 |
|  | Translate（移动）工具 | W | 移动游戏对象 |
|  | Rotate（旋转）工具 | E | 旋转游戏对象 |
|  | Scale（缩放）工具 | R | 缩放游戏对象 |
|  | Rect（矩形）工具 | T | 编辑游戏对象的矩形手柄 |

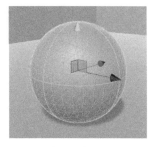
Translate

Rotate

Scale

（2）Gizmo 坐标系工具：用来切换中心点的位置，用法如下。

- Pivot：改变游戏对象的轴心点。
  Center：改变游戏对象的轴心为物体包围盒的中心。
  Pivot：使用物体本身的轴心。
- Global：改变物体的坐标。
  Global：世界坐标
  Local：自身坐标

（3）播放工具：用来在编辑器运行或暂停游戏的测试，用法如表 2.9 所示。

表 2.9

| 工具 | 名称 | 快捷键 | 说明 |
| --- | --- | --- | --- |
|  | Play（播放）工具 | Ctrl+P | 运行游戏 |
|  | Pause（暂停）工具 | Ctrl+Shift+P | 暂停游戏 |
|  | Step（单帧）工具 | Ctrl+Alt+P | 一次执行一步游戏 |

（4）Layers（分层）下拉列表：用来控制游戏对象在 Scene 视图中的显示和隐藏，各功能如表 2.10 所示。

表 2.10

| 分层名称 | 说　　明 |
| --- | --- |
| Everything | 显示所有游戏的对象 |
| Nothing | 不显示任何游戏对象 |
| Default | 显示默认的游戏对象 |
| TransparentFX | 显示透明的游戏对象 |
| Ignore Raycast | 显示不处理投射事件的游戏对象 |
| Water | 显示水对象 |

（5）Layout（布局）下拉列表：用来切换视图布局。

**动手操作：改变游戏场景**

❶ 继续使用 2.2 节 Scene 视图场景一小节的案例，单击灯光按钮 ，关闭光源，以便于我们观看场景操作，单击移动按钮 ，选中场景中的桥梁，这时在桥梁上会显示出 $x$、$y$、$z$ 三轴，我们根据三个轴的特性就可以自由移动所有的选中物体，如图 2.18 所示。

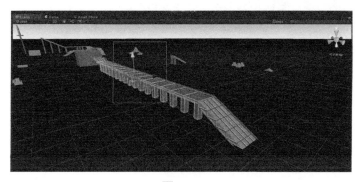

图 2.18

❷ 单击 $x$ 和 $z$ 轴交叉形成的小方块，这时我们会发现单击后的方块变成了黄色，说明我们选中了此面。同样选中任何一个轴也会变色，从这里可以判断我们是否选对了要选择的面或轴，然后移动到初始位置的一旁，不要离得太远，如图 2.19 所示。

图 2.19

❸此时如果汽车从桥上上去，是不会飞到前面的几何体上的，我们选择移动按钮旁边的旋转按钮 ，调整桥梁的角度，单击后会显示和移动按钮一样原理的提示，如图 2.20 所示。

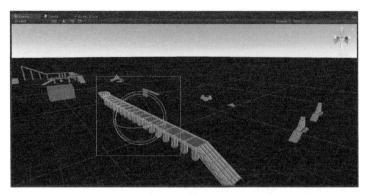

图 2.20

❹单击选中单轴，和移动按钮不同的效果是，旋转不能选中面，只能通过选取轴来实现旋转桥梁，让桥头的扬起部分对准前面的几何体，完成桥梁的设置，如图 2.21 所示。

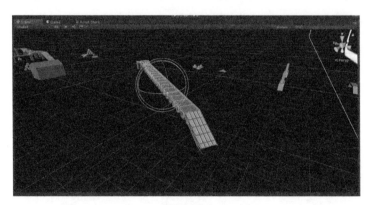

图 2.21

❺下面我们设置汽车的大小，单击选择旋转按钮右侧的缩放按钮 ，这时我们拖动中间的小方块，便可以改变汽车的大小，例如桥梁上的几何体还可以通过单一的把手去改变一面的大小，从而达成改变形状的效果，如图 2.22、图 2.23 所示。

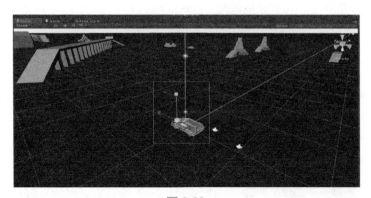

图 2.22

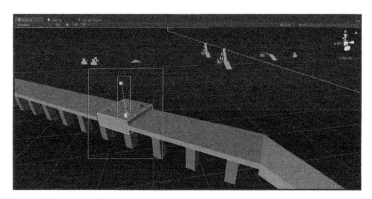

图 2.23

⑥ 接下来用移动工具调整汽车的高度，让它贴合地面，如图 2.24 所示。

图 2.24

⑦ 选择缩放按钮旁边的拉伸按钮，它的功能是在固定高度上移动或者变形，但同时也不能改变物体本身的高度，单击选中刚才调整过的桥梁部分，把它稍作拉长，如图 2.25 所示。

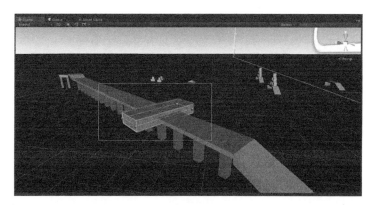

图 2.25

⑧ 根据刚才调整过的一个桥梁零件，我们调整它前面的一块零件，利用旋转和移动便可以让汽车通过，而不会被阻拦，如图 2.26 所示。

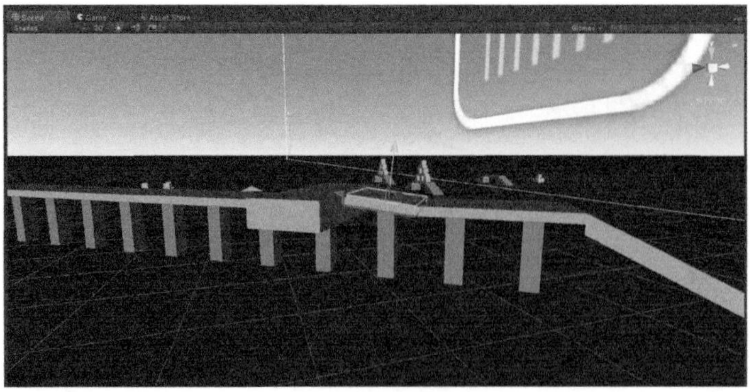

图 2.26

**9** 单击手形按钮 ，我们可以用另外的视角观察场景效果，也可以用鼠标的中键和右键来实现预览视角的改变，如图 2.27 所示。

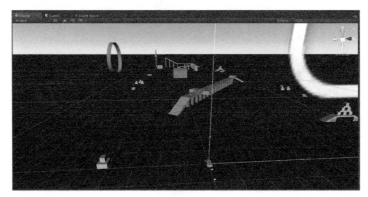

图 2.27

**10** 单击灯光按钮 ，打开光源，这时单击播放按钮 ，就可以在游戏视图里面看到我们对场景和游戏效果所做的改变了，如图 2.28 所示。

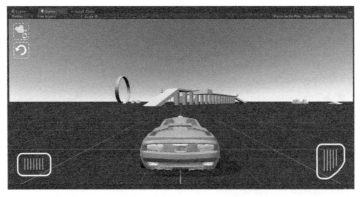

图 2.28

# 第 3 章

## Unity 场景设定

## 3.1 资源导入流程

凡是出现在 Unity 项目视图的 Assets 文件夹内的数据，都称为资源。Unity 分为两种资源：内部资源和外部资源。内部资源就是 Unity 内部生成的数据，比如 Material（材质）、Prefab（预设体）等。外部资源就是 Unity 作为一款游戏引擎而不具备的资源，比如模型、纹理贴图、音视频等。

目前，Unity 支持几乎所有主流的三维文件格式，如 FBX、3DS、obj 等。大多数游戏中的模型、动画等资源都是由三维软件生成的。本节介绍比较常用的三维软件资源的导入，如 3ds Max 和 Maya。

- **3ds Max**

3ds Max 原名 3D Studio Max，是由 Discreet 公司开发的一款三维立体动画制作渲染的软件。这款软件可以在 PC 系统上运行，它是在 DOS 系统 3D Studio 软件的基础上进行改进完善加以实现的。3ds Max 每年都有版本更新，功能也逐渐完善且丰富，在最新版本的程序当中整合了当前主流的三维建模以及渲染技术。该软件也适用于建筑模型的设计和制作。3ds Max 是国内使用者相对来说最多的三维软件，在网站上能找到很多教程，且开发者论坛丰富，模型资源多。3ds Max 能快速上手并使用，对初学者更加友好，启动界面如图 3.1 所示。

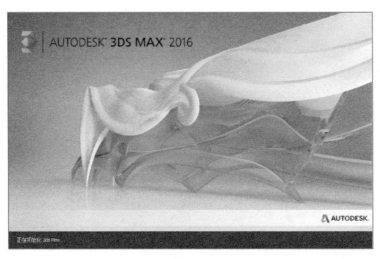

图 3.1

- **Maya**

Maya 是由 Autodesk 公司开发设计，这款软件是目前世界上应用最多的三维动画产品。Maya 最初是 Alias/Wavefront 公司推出的开创数字动画新纪元的应用软件，不仅使用了最为先进科学的动画技术，而且可以制作三维的产品，除此之外，还可以有效地结合数字化布料模拟以及毛发渲染等技术。Maya 适用于需要带有动画的模型的设计和制作，启动界面如图 3.2 所示。

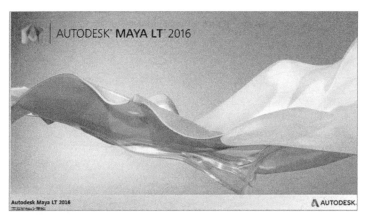

图 3.2

开发者将以上两个三维软件的模型导出 FBX 文件到项目工程里的 Assets 资源文件夹后，Unity 立即会刷新该资源，并将变化应用于整个项目。导出 FBX 文件前，我们需要注意如下问题。

（1）Unity 的默认系统单位为"米"，3ds Max 默认单位是 Inches（英寸），Maya 默认单位是 Centimeters（厘米），所以在三维软件中尽量使用米制单位，以便配合 Unity，如图 3.3 所示。

（2）三维软件的单位与 Unity 单位的比例关系非常重要，如表 3.1 所示标明了常用三维软件与 Unity 软件的单位比例关系。

（3）某些三维软件所使用的坐标轴与 Unity 所使用的坐标轴不一致。Unity 所使用的坐标系是 $y$ 轴向上。

图 3.3

表 3.1

| 三维软件 | 三维软件<br>内部米制尺寸 | 默认设置<br>导入 Unity 中的尺寸 | 与 Unity 单位的<br>比例关系 |
| --- | --- | --- | --- |
| 3ds Max | 1 | 0.01 | 100∶1 |
| Maya | 1 | 100 | 1∶100 |

（4）模型位置、旋转、缩放一定要归零。

（5）如果有贴图的话，导出 FBX 时一定要勾选 Embed Media（嵌入媒体的复选框）。

### 动手操作：3D 模型（含动画）的 FBX 导出

1️⃣ 启动 3ds Max 2016，打开下载目录 Unity 第三章 /3.1 文件夹里的 Car.max 模型文件，注意版本是 3ds Max 2015，2015 以下版本是无法打开该文件的，如图 3.4 所示。

图 3.4

2️⃣ 选中汽车模型，单击左上角图标，选择导出→导出，如图 3.5 所示。

图 3.5

3️⃣ 弹出对话框，输入文件名 Car 并单击"保存"按钮，如图 3.6 所示。

4️⃣ 弹出 FBX 选项，如果模型已经制作了动画，可以在动画选项打勾，若没有就不用打勾。然后在嵌入的媒体选项打勾，会将模型用到的贴图一并导出，贴图数据会保存在 .FBX 文件中。摄像机和灯光选项都取消勾选，我们不需要导出它们。单击"确定"按钮，成功导出 FBX 文件，如图 3.7 所示。

图 3.6

⑤ 运行 Unity 并新建 Unity 工程项目，将导出好的 FBX 文件复制到工程文件夹下。

⑥ 单击 FBX 文件，Inspector 检视视图就出现该资源的相关属性，如图 3.8 所示。

图 3.7

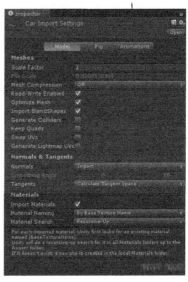

图 3.8

⑦ 经过上面的步骤，FBX 资源导入 Unity 中的基本设置工作已经完成，如图 3.6 所示。至于 Rig 和 Animations 选项，请在第 6 章学习。

## 3.2 组件的使用

Component（组件）在 Unity 的游戏开发工作中是极为重要的，可以说是所有游戏对象实现功能所必需的。在 Unity 中，即使创建一个空游戏对象，也必须带有 Transform 组件，因为它定义了游戏对象的位置、旋转和缩放。如果没有 Transform 组件，那就无法存在于场景中。

给游戏对象添加 Component 组件有两种操作方式，一种是通过菜单栏中的"Component"选项来添加组件；另一种是通过 Inspector 检视视图中单击"Add Component（添加组件）"按钮，在弹出的下拉列表中选择来添加组件，如图 3.9 所示。

另外可以通过单击组件右上角的问号手册的图标，查看关于此组件的具体介绍。

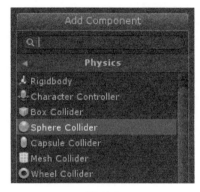

图 3.9

### 3.2.1 光源的使用

光源是每个场景的重要组成部分。光源决定了场景环境的明暗、色彩和氛围。合理使用光源可以创造完美的视觉效果。Unity 提供了四种不同形态的灯光，分别是 Directional Light（平行光）、Point Light（点光源）、Spot Light（聚光灯）和 Area Light（区域光），如表 3.2 所示。

表 3.2

| | | | |
|---|---|---|---|
| Directional Light（平行光） | 类似自然界中日光的照明效果，向无限地方照射光 | | |
| Spot Light（聚光灯） | 朝一个方向呈圆锥状射出的灯光 | | |
| Point Light（点光源） | 以光源本身为中心，向四面八方发散的灯光 | | |

### 3.2.2 摄像机的使用

在 Unity 场景里最基础的元素就是摄像机，也就是游戏的"眼睛"。摄像机在一个场景中可以存在多个，摄像机可以让场景进行镜头的过渡、转换，让视角基于视觉更加丰富。

Camera 摄像机常用的 5 个参数如下。

（1）Clear Flags：清除标记。每个相机在渲染时会存储颜色和深度信息，一般用于使用多台摄像机来描绘不同游戏对象的情况，默认为 Skybox（天空盒）。

（2）Background：背景色。用于设置背景颜色。

（3）Projection：投射方式。

Unity 中的摄像机有两种模式，分别是 Perspective（透视）模式和 Orthographic（正交）模式，图 3.10 所示是同一台摄像机在相同位置的透视、正交两种模式的效果。

图 3.10

（4）Field of view：视野范围（只针对透视模式）。用于控制摄像机的视角宽度以及纵向的角度尺寸。

（5）Depth：深度。用于控制摄像机的渲染顺序，较高深度的摄像机将被渲染在较低深度的摄像机之上。

Camera 游戏对象除了 Transform，还默认自带了 Camera、Flare Layer、GUI Layer 和 Audio Listener 等四个组件，如表 3.3 所示。

表 3.3

| Camera | 向玩家显示场景的必要组件 |
| --- | --- |
| Flare Layer | 使摄像机产生镜头光晕效果 |
| GUI Layer | 使二维 GUI 图形在场景中被渲染出来 |
| Audio Listener | 音频监听器 |

### 3.2.3 角色控制器

角色控制器（Character Controller）主要用于对游戏角色的控制，包含第一人称控制器和第三人称控制器。

**动手操作：建立角色控制器**

❶ 前往 Asset Store 并下载 Corridor Lighting Example，如图 3.11 所示。

❷ 导入角色控制器资源包。依次选择菜单栏中的 Assets（资源）→ Import Package（导入包）→ Characters（角色控制器）命令，在弹出的 Import Package 对话框中单击右下角

的 Import 按钮，将资源导入，如图 3.12 所示。

图 3.11

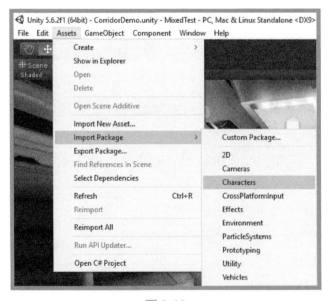

图 3.12

**3** 在 Project 项目视图中，依次打开文件夹 Assets → Standard Assets → Characters，可以看到在 Characters 文件夹下有 FirstPersonCharacter（第一人称角色控制器）文件夹、ThirdPersonCharacter（第三人称角色控制器）文件夹和 RollerBall（滚动球控制器）文件夹，如图 3.13 所示。

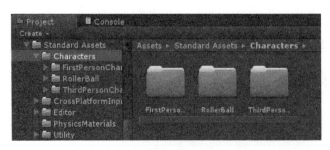

图 3.13

4 将 FirstPersonCharacter → Prefabs 文件夹中的 RigidBodyFPSController 预设体拖入到 Scene 场景视图中并调整位置，然后把 Hierachy 层次视图里的 Cameras 删除，如图 3.14 所示。

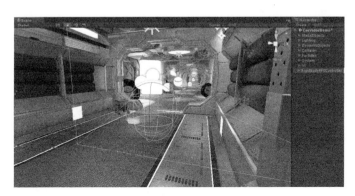

图 3.14

5 运行游戏。在 Game 视图中，通过 W、A、S、D 键或者方向键控制角色的移动，空格键控制跳跃，鼠标控制视野方向，如图 3.15 所示。

图 3.15

## 3.2.4 天空盒

天空盒实际上是一种使用特殊类型 Shader 的材质，根据材质中指定的纹理贴图来模拟出类似远景、天空等类型的效果，使游戏场景看起来更完整、更逼真。

动手操作：导入天空盒

1 导入天空盒资源包。依次选择菜单栏中的 Assets（资源）→ Import Package（导入包）→ Custom Package（自定义包）命令，在弹出的 Import Package 对话框中，打开预先下载的天空盒，然后单击"打开"按钮，在弹出的 Import Package 对话框中单击右下角的 Import 按钮，将资源导入，如图 3.16 所示。

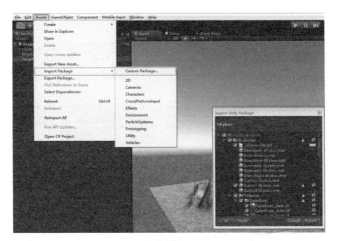

图 3.16

**2** 添加天空盒。依次选择菜单栏中的 Window（窗口）→ Lighting（灯光）命令，在 Lighting 视图中的 Scene 选项卡中，单击 Skybox 右侧的 按钮，在弹出的 Select Material 对话框中选择 Sunny1 Skybox，如图 3.17 所示。

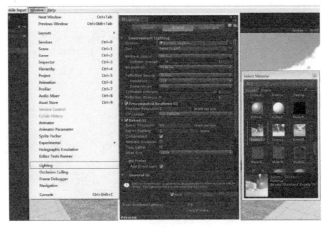

图 3.17

**3** 单击工具栏中的播放按钮 ，可以看到添加的天空盒效果，如图 3.18 所示。

图 3.18

有时候静态的天空并不一定能满足开发者的需求，可能需要动态的天空盒。建议使用 Unity 官方推荐的插件包——UniSky 就可以满足需要。

UniSky 是一个令人瞠目结舌的程序天气插件，提供了模拟大气视觉效果系统，可以让你快速创建出 AAA 级别的逼真的天空，如图 3.19 所示。

图 3.19

## 3.2.5 雾效果与水效果

开启雾效将会在场景中渲染出雾的效果，可以对雾的颜色、密度等属性进行调整。特别注意的是雾效设置是针对场景的，每个游戏场景可以有不同的雾效设置。

游戏中的河流、海洋、池塘等都属于水效果，在 Unity 中可以创建出非常逼真的水体效果。Unity 的标准资源库中提供了 Water（Basic）基本水资源以及 Water（Pro Only）高级水资源。不同之处就是高级水效果预设能够对游戏场景中的天空盒以及游戏对象等进行反射、折射运算，效果非常真实，但是相对基本水效果而言对系统资源占用较高。

**动手操作：添加自然效果**

**1** 依次选择菜单栏中的 Window → Lighting 命令，然后在 Lighting 视图的 Scene 选项卡中，选中 Fog 复选框开启雾效，如图 3.20 所示。

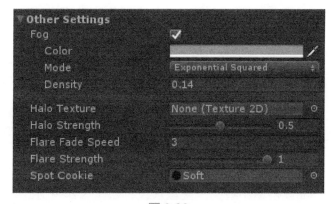

图 3.20

② 运行游戏。与图 3.19 对比，明显有了雾效果，如图 3.21 所示。

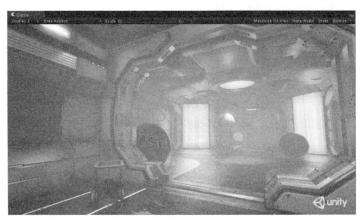

图 3.21

③ 导入环境资源包。依次选择菜单栏中的 Assets（资源）→ Import Package（导入包）→ Environment（环境）命令，在弹出的 Import Package 对话框中单击右下角的 Import 按钮，将资源导入，如图 3.22 所示。

④ 在 Project 项目视图中，依次打开文件夹 Assets → Standard Assets → Environment → Water (Basic) → Prefabs 文件夹中的 WaterBasicDaytime 预设体拖入到 Scene 场景视图中，如图 3.23 所示。

图 3.22

图 3.23

⑤ 运行游戏。在 Game 视图中看到一丝丝水纹，如图 3.24 所示。

图 3.24

## 3.2.6 音效

**动手操作：添加音效**

**1** 创建一个文件夹管理音效。依次选择菜单栏中的 Assets → Create → Folder 命令，在 Project 视图中的 Assets 下会新建一个文件夹，将其命名为 Music，如图 3.25 所示。

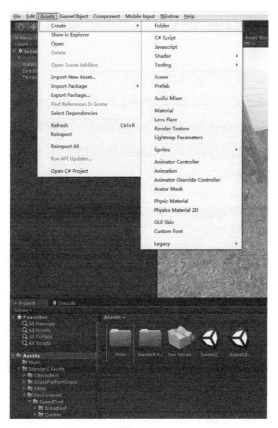

图 3.25

②导入音效。在 Project 视图中，右击 Music 文件夹，从快捷菜单中选择 Import New Assets 命令，在弹出的 Import New Assets 对话框中，打开预下载好的 MP3 音效，单击 Import 按钮，将音效资料导入，如图 3.26 所示。

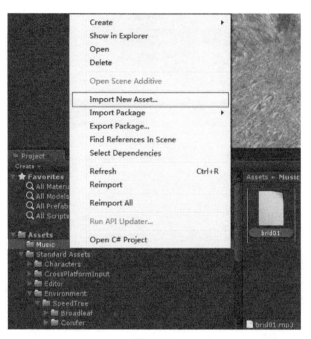

图 3.26

③添加音效。在 Project 视图中的 Music 文件夹下，将 bird01 拖动到 Hierarchy 视图中，然后在 Scene 视图中，将 bird01 的位置移动到山脚下，最后在 bird01 的 Inspector 视图中，选中 Loop（循环）复选框，Volume Rolloff（音量衰减）设置为 Linear Rolloff（线性衰减），Max Distance（最大距离）设置为能处于山脚一带范围即可（在 Scene 视图中拖动音效球形范围上的方点即可改变 Max Distance 的值），如图 3.27 所示。

图 3.27

④单击工具栏中的播放按钮，在 Game 视图中控制角色移动，当角色进入山脚下（音效最大距离以内）时，就会听到添加进来的音效。

# 第 4 章

## Unity 物理引擎

## 4.1 刚体

为游戏对象添加 Rigidbody（刚体）组件，可实现该对象在场景当中的物理交互。当游戏对象添加了 Rigidbody 组件后，游戏对象便可以接受外力与扭矩力。任何游戏对象只有在添加 Rigidbody 组建后才会受到重力影响。当需要通过脚本为游戏对象添加作用力以及通过 NVIDIA 物理引擎与其他的游戏对象发生互动的运算时，都必须拥有 Rigidbody 组件。

下面介绍 Rigidbody 组件常用的各个参数，开发人员可以通过调整这些参数来实现对游戏对象进行物理状态控制。

（1）Mass：物体的质量。官方建议在同一个游戏场景中，物体质量不要大于其他物体的 100 倍或小于其他物体的百分之一。

（2）Drag：物体移动时受到的空气阻力。当值为 0 时，表示没有空气阻力，当数值越来越大时，阻力也跟着越大，导致物体很难移动（处于静止状态）。

（3）Angular Drag：物体旋转时受到的空气阻力。当值为 0 时，表示没有空气阻力，当数值越来越大时，阻力也跟着越大，导致物体很难旋转。

（4）Use Gravity：重力。若开启此选项，游戏对象会受到重力的影响。

（5）Is Kinematic：是否开启动力学。若开启此项，游戏对象将不再受到物理引擎的影响从而只能通过 Transform（几何变换）组件属性来对其操作。该方式适用于模拟平台的移动或带有铰链刚体的动画。

为了更好理解此选项，下面举一个例子，如图 4.1 所示。

我们利用三个 Cube（立方体）来看看 Is Kinematic 启用和未启用的区别，如表 4.1 所示。

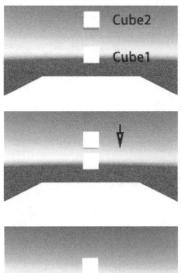

图 4.1

**初始状态**

表 4.1

|  | Rigidbody | Is Kinematic |
|---|---|---|
| Cube 1 | √ | √ |
| Cube 2 | √ | × |

### 运行状态

Cube2 开始落下,但 Cube1 由于勾选了 Is Kinematic 而不受重力影响,所以停留在空中。

当 Cube2 碰撞到 Cube1 时,仍然无法让 Cube2 跟着 Cube1 一起落下。

(6)Interpolate:插值。该项用来控制刚体运动的抖动情况,因为在物理运动模拟计算过程中,会出现抖动的现象。出现这样的现象,是因为物理运算和画面更新不同步造成的。下面有三个选项可供选择。

① None:没有插值。

② Interpolate:内插值。基于前一帧的 Transform 来平滑此次的 Transform。

③ Extrapolate:外插值。基于下一帧的 Transform 来平滑此次的 Transform。

为了更好理解此选项,下面举一个例子,如图 4.2 所示。

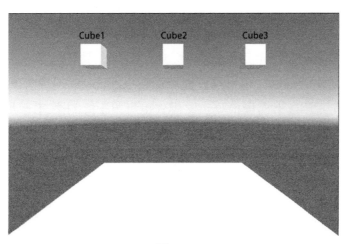

图 4.2

我们利用三个 Cube(立方体)来看看三个选项的区别,如表 4.2 所示。

表 4.2

|  | Cube 1 | Cube 2 | Cube 3 |
| --- | --- | --- | --- |
| Interpolate | None | Interpolate | Extrapolate |

运行游戏时,我们发现 Cube1 落下出现抖动;Cube2 平滑落下,但比 Cube1 晚;Cube3 平滑落下,但和 Cube1 同时落下。从此看出,Interpolate 和 Extrapolate 的区别就在于使用的算法不同,Extrapolate 在物理上会比较准确。

(7)Collision Detection:碰撞检测。该属性用于控制避免高速运动的游戏对象穿过其他的对象而未发生碰撞,有三个选项可供选择。

① Discrete:离散碰撞检测。该模式与场景中其他的所有碰撞体进行碰撞检测,该值

为默认值。

② Continuous：连续碰撞检测。使用离散碰撞检测来检测与动态碰撞体（带有 Rigidbody）的碰撞，而使用连续碰撞检测模式来检测与静态网格碰撞体的（不带有 Rigidbody）碰撞。其他的刚体会采用离散碰撞模式。此模式适用于那些需要与连续动态碰撞检测的对象相碰撞的对象。这对物理性能会有很大的影响，如果不需要对快速运动的对象进行碰撞检测，就使用离散碰撞检测模式。

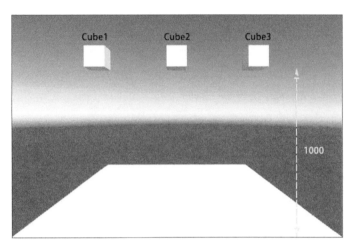

图 4.3

③ Continuous Dynamic：连续动态碰撞检测。该模式用于检测与采用连续碰撞模式或连续动态碰撞模式对象的碰撞，也可用于检测没有 Rigidbody 的静态网格碰撞体。对于与之碰撞的其他对象可采用离散碰撞检测。该模式也可用于检测快速运动的游戏对象。

为了更好理解此选项，下面举一个例子，如图 4.3 所示。

我们利用三个 Cube（立方体）放置在距地面 1000 米高，来看看三个选项的区别，如表 4.3 所示。

表 4.3

|  | Cube 1 | Cube 2 | Cube 3 |
| :---: | :---: | :---: | :---: |
| Collision Detection | Discrete | Continuous | Continuous Dynamic |

运行游戏时，我们看到 Cube1 高速下落直接穿过地面并继续落下，Cube2、Cube3 直接落在地面上静止。从此看出，Cube1 在高速移动时已经完全穿透了，Cube2 防止穿透静态游戏对象，Cube3 防止穿透含 Continuous 和 Continuous Dynamic 选项的游戏对象。在没必要使用的情况下，建议使用 Discrete 选项比较好。

（8）Constraints：约束。该项用来设定冻结游戏对象的 $x$、$y$、$z$ 轴的移动或旋转。

① Freeze Position：冻结位置。刚体对象在世界坐标系中的 $x$、$y$、$z$ 轴方向上（选中状态）的移动将无效。

② Freeze Rotation：冻结旋转。刚体对象在世界坐标系中的 $x$、$y$、$z$ 轴方向上（选中状态）的旋转将无效。

## 4.2 碰撞体

《愤怒的小鸟》这款鼎鼎大名的游戏，相信大家不会陌生，它是由 Rovio 公司开发的休闲益智类游戏。为了报复偷走鸟蛋的肥猪们，鸟儿以自己的身体为武器，利用弹弓把自己弹射出去，变身炮弹一样去攻击肥猪们的堡垒，游戏充满了欢乐的感觉、轻松的节奏。我们看到不少鸟儿飞出去的时候，与其他物体之间发生碰撞时的冲力，以及由碰撞而使物体发生变形。这就是所谓的碰撞体，如图 4.4 所示。

图 4.4

碰撞体是物理组件中的一类，每个物理组件都有独立的碰撞体组件，它要与刚体一起添加到游戏对象上才能触发碰撞。如果两个刚体相互撞在一起，只有两个对象是碰撞体时物理引擎才计算碰撞，在物理模拟中，没有碰撞体的刚体会彼此相互穿过。

在 3D 物理组件中添加碰撞体的方法：首先选中一个游戏对象，然后依次选择菜单栏 Component（组件）→ Physics（物理）命令。可选择不同的碰撞体类型，如图 4.5 所示，这样就在该对象上添加了碰撞体组件。

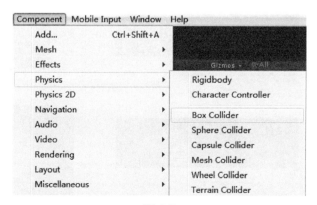

图 4.5

Unity 为游戏对象提供了六种碰撞器。

| 类型 | 属性 | 示例 |
|---|---|---|
| Box Collider 盒子碰撞器 |  |  |
| Sphere Collider 球体碰撞器 |  |  |
| Capsule Collider 胶囊体碰撞器 |  | 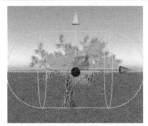 |
| Mesh Collider 网格碰撞器 |  |  |
| Wheel Collider 车轮碰撞器 |  |  |
| Terrain Collider 地形碰撞器 |  | 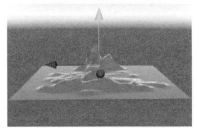 |

下面列出了碰撞体最常用的属性参数，以下都是 Box Collider、Sphere Collider 和 Capsule Collider 碰撞器的参数，它们属性相仿，不同之处就是形状。

- Is Trigger：是否为触发器。
- Material：碰撞器表面的物理材质。
- Center：碰撞器或触发器的位置。
- Size：碰撞器或触发器的大小。

Mesh Collider 适用于自定义网格对象的碰撞，与前三个碰撞器不同。Mesh Collider 通过获取网格对象并在其基础上构建碰撞，与在复杂网格模型上使用基本碰撞体相比，网格碰撞体要更加精细。最重要的是，使用 Mesh Collider 可以创建所有游戏对象的碰撞，功能非常强大，但这种碰撞体一般会占用更多的资源。因为 Mesh Collider 的运算是随着形状的复杂度而成长，所以为了减少运算量，只要勾选 Convex，Unity 就会自动生成一个覆盖原来形状的多边形网格作为碰撞体。

Wheel Collider 适用于车轮与地面或其他游戏对象之间的碰撞，是一种针对地面车辆的特殊碰撞体。

Terrain Collider 适用于与地形对象的碰撞。

## 4.3 关节

关节组件属于物理组件中的一部分，是模拟物体与物体之间的一种连接关系，关节必须依赖于刚体组件。关节组件可添加到多个游戏对象中，分别是 Hinge Joint（铰链关节）、Fixed Joint（固定关节）、Spring Joint（弹簧关节），如图 4.6 所示。

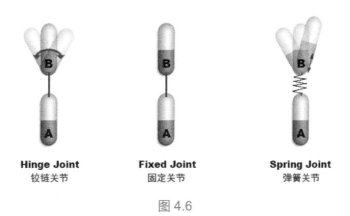

图 4.6

在 Hierarchy 层次视图中选中游戏对象，然后一次选择菜单栏中的 Component（组件）→ Physics（物理）命令，可选择不同的关节组件类型，如图 4.7 所示。

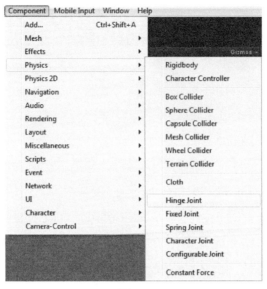

图 4.7

（1）Hinge Joint（铰链关节）：铰链关节由两个刚体组成，该关节会对刚体进行约束，使得它们就好像被连接在一个铰链上那样运动，非常适用于对门的模拟，也适用于模型链及钟摆等物体。铰链关节组件的属性面板如图 4.8 所示。

图 4.8

我们给游戏对象添加 Hinge Joint 组件的时候，注意到 Scene 场景视图出现一个橙色小箭头，箭头的位置就是 Anchor（锚点），箭头的方向就是 Axis（固定轴），如图 4.9 所示。

Anchor（锚点）是指物体围绕着固定点来转动或摆动，Axis（固定轴）是指围绕着一个轴方向来转动或摆动，两个属性值都应用于局部坐标系，如图 4.10 所示。

图 4.9

图 4.10

Hinge Joint 常用的属性参数如表 4.4 所示。

表 4.4

| Connected Body（连接体） | 对关节（Joint）所依赖的刚体（Rigidbody）的可选引用 |
|---|---|
| Anchor（锚点） | 主体围绕其摇摆的轴的位置 |
| Axis（轴） | 主体围绕其摇摆的轴的方向 |
| Use Spring | 是否启用弹簧 |
| Spring | 对象为移动到位所施加的力 |
| Damper | 此值越高，对象减慢的幅度越大 |
| Target Position | 弹簧的目标角度 |
| Use Limits | 是否启用限制 |
| Min/Max | 旋转可以达到的最小/最大角度 |

（2）Fixed Joint（固定关节）。固定关节组件用于约束一个游戏对象对另一个游戏对象的运动。类似于对象的父子关系，但它是通过物理系统来实现而不像父子关系那样是通过 Transform 属性来进行约束。固定关节适用于以下的情形：当希望将对象较容易与另一个对象分开时，或者连接两个没有父子关系的对象使其一起运动时，使用固定关节的对象自身需要有一个刚体组件。固定关节组件的属性面板如图 4.11 所示。

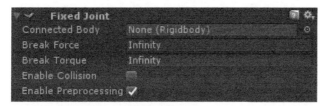
图 4.11

使用 Break Force（折断力）与 Break Torque（折断扭矩）属性来设置关节强度的限制。如果这些小于无穷大，且大于这个限制的力或力矩被施加到对象上，其固定关节将被销毁，且不再被其限制所约束，如图 4.12 所示。预设是 Infinity（无穷大），表示无法被任何的力破坏。将 Break Force 设置为 100，由于受到巨大的碰撞力，将会导致关节断开。

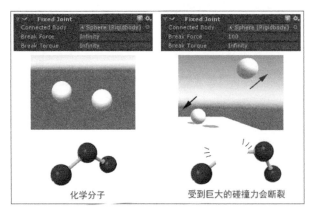

图 4.12

Fixed Joint 常用的属性参数如表 4.5 所示。

表 4.5

| Connected Body（连接体） | 对关节（Joint）所依赖的刚体（Rigidbody）的可选引用 |
| --- | --- |
| Break Force（折断力） | 为使此关节（Joint）折断而需要应用的力 |
| Break Torque（折断扭矩） | 为使此关节（Joint）折断而需要应用的扭矩 |

（3）Spring Joint（弹簧关节）。弹簧关节组件可将两个刚体连接在一起，使其像连接着弹簧那样运动。弹簧关节组件的属性面板如图 4.13 所示。

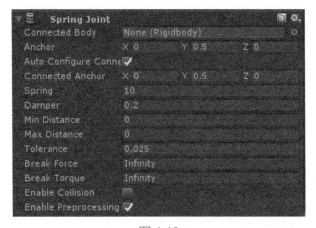

图 4.13

Spring Joint（弹簧关节）与 Hinge Joint（铰链关节）相似，不同的是 Spring Joint 多了几个属性参数，如图 4.14 所示。

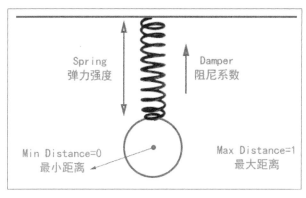

图 4.14

弹簧关节允许一个带有刚体的游戏对象被拉向一个指定的目标位置,这个目标可以是另一个刚体对象或者世界。当游戏对象离目标位置越来越远时,弹簧管接会对其施加一个作用力使其回到目标的原点位置,这类似橡皮筋或者弹弓的效果。

## 4.4 力场

力场是一种为刚体快速添加恒定作用力的方法,适用于类似火箭发射出来的对象,这些对象在起初并没有很大的速度但却是在不断地加速。

在 Unity 中为游戏对象添加 Constant Force 组件,在 Hierarchy 视图中选择需要添加力场组件的对象,依次选择菜单栏中的 Component(组件)→ Physics(物理)→ Constant Force(力场)命令,如图 4.15 所示。

Constant Force 组件的属性面板如图 4.16 所示。

- Force:力。该项可用于设置世界坐标系中使用的力,用三维向量表示。
- Relative Force:相对力。该项用于设置在物理局部坐标系中所使用的力,用三维向量表示。
- Torque:扭矩。该项可用于设置在

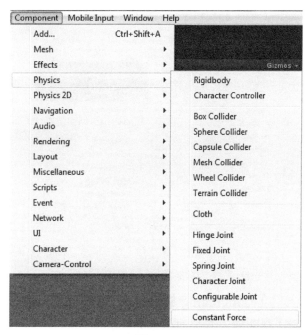

图 4.15

图 4.16

世界坐标系中使用的扭矩力,用三维向量表示,游戏对象将依据该向量进行转动,向量越长转动就越快。

・Relative Torque:相对扭矩。该项用于设置在物理局部坐标系中使用的扭矩力,用三维向量表示,游戏对象将依据该向量进行转动,向量越长转动就越快。

## 4.5 布料

布料组件可以模拟类似布料的行为状态,比如飘动的旗帜、角色身上的衣服等。下面介绍添加布料组件的方法。

首先选中一个游戏对象,然后依次选择菜单栏中的 Component(组件)→ Physics(物理)→ Cloth(布)命令,可为其添加布料组件,如图 4.17 所示。

Unity 提供了一组和布料相关的物理组件,分别是 InteractiveCloth(交互布料)、SkinCloth(蒙皮布料)和 ClothRenderer(布料显示器)。下面重点介绍 Cloth 组件的参数,如图 4.18 所示。

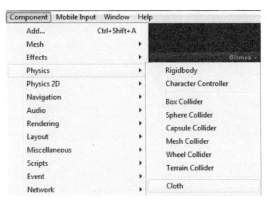

图 4.17

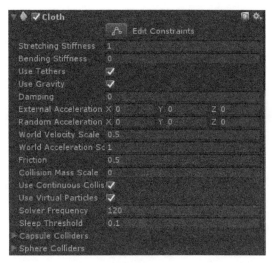

图 4.18

Cloth 布料系统相关参数的介绍如下。

(1)Stretching Stiffness:拉伸强度。该项用于设置布料的抗拉伸程度,数值在 0.0 和 1.0 之间,数值越大越不容易拉伸。

左图 Stretching Stiffness=0.2

右图 Stretching Stiffness=1.0

（2）Bending Stiffness：弯曲强度。该项用于设置布料的抗弯曲程度，数值在 0.0 和 1.0 之间，数值越大越不容易弯曲。

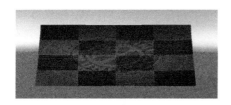

左图 Bending Stiffness=0.2

右图 Bending Stiffness=1.0

（3）Use Tethers：是否使用延展限制，防止布料点延展过度，远离固定位置。

（4）Use Gravity：使用重力。选中该项，则布料会受到重力的影响。

（5）Damping：阻尼。该项用于设置布料运动的阻尼。

（6）External Acceleration：固定加速度。该项用于设置一个恒定数，应用到布料上的外部加速度。

（7）Random Acceleration：随机加速度。该项用于设置一个随机数，应用到布料上的外部加速度。

（8）Friction：摩擦力。该项用于设置布料的摩擦系数，取值在 0.0 和 1.0 之间。

在 Inspector 检视视图中的 Cloth 组件单击 Edit Constraints 按钮，Scene 场景视图弹出 Cloth Constraints 对话框，如图 4.19 所示，使编辑器进入到一个模式来编辑施加到每个布料网格里的顶点的约束。

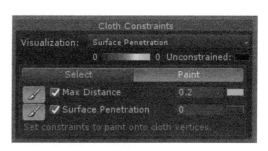

图 4.19

Cloth Constraints 对话框相关参数的含义如下。

（1）Visualization：可视化。

（2）Select：选择布料顶点来编辑约束。使用鼠标拉出一个选择框来选中顶点。

（3）Paint：在喷涂的布料顶点上设置约束。使用鼠标一个一个地选择顶点。

（4）Max Distance：最大距离。布料粒子从它的顶点位置移动的最大距离，如图 4.20 所示。

（5）Surface Penetration：布料粒子渗透网格的深度，如图 4.21 所示。

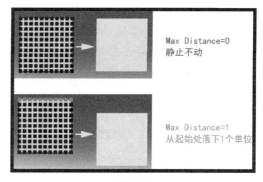

图 4.20

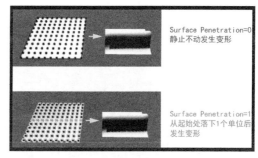

图 4.21

## 动手操作：布料组件的应用（毯子效果）

启动 Unity 程序，创建一个新的工程并保存场景。

① 拖曳预先下载好的模组文件夹到 unity 里面，然后单击打开拖入的文件夹，可以看到床的模型，选择名字为 bed_1 的模型，如图 4.22 所示。

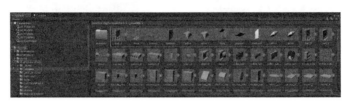

图 4.22

② 单击模型拖入到 Hierarchy 层级视图里面，这时我们可以看到，模型是没有被子的，如图 4.23 所示。

图 4.23

③ 现在我们制作被子效果，首先我们单击 GameObject（游戏对象）→ 3D Object（3D 游戏对象）→ Plane（平面）新建一个正方形平面，将其更名为 blanket，然后单击缩放按钮，调整其大小和形状，再用移动按钮 设置它的位置，注意此时的大小应该稍大于床面，这样在后期制作布料效果时我们可以做出垂到床边的效果，如图 4.24 所示。

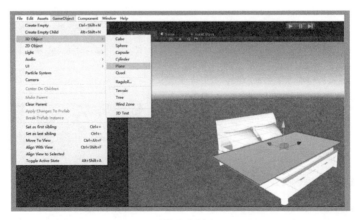

图 4.24

④ 我们在 Inspector 检视视图中选择其中的 Mesh Filter（网格过滤器）下的 Mesh 选项，

单击 按钮，搜索 blanket（毯子），找到第二个 blanket（毯子）选择确认，如图 4.25 所示。

⑤ 选择 Inspector 检视视图下的 Mesh Collider（网格碰撞器）组件，同样选择 Mesh 选项，单击 按钮，搜索 blanket（毯子），找到第二个 blanket（毯子）选择确认，如图 4.26 所示。

图 4.25

图 4.26

⑥ 接着选择菜单栏 Component（组件）→ Physics（物理）→ Cloth（布料），在 Inspector 检视视图中取消勾选 Use Gravity（使用重力）选项，这样毯子就不会受重力影响向下掉落，如图 4.27 所示。

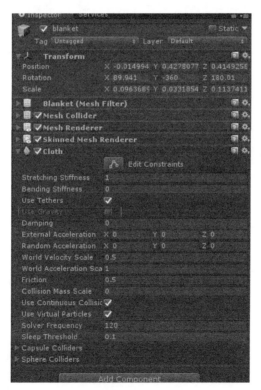

图 4.27

⑦ 基本制作设置已经完成，下面调整毯子和床的契合度，然后选择 Hierarchy 层级视图里面 bed_1 文件夹下的 base 文件，单击 Inspector 检视视图下的材质球，单击 Select 为

其添加一个自己喜欢的布料材质,如图 4.28 所示。

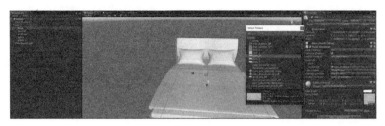

图 4.28

⑧ 然后点击播放按钮 ![], 可以看到我们利用布料系统制作的毯子效果, 如图 4.29 所示。

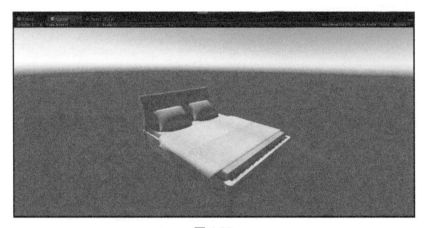

图 4.29

## 4.6 物理引擎实例

**动手操作:物理碰撞的应用**

① 启动 Unity 程序,创建一个新的工程项目,按下【Ctrl+9】快捷键来打开 Asset Store 资源商店视图,在搜索框输入 Unity 后查找,在列表项目里面找到 Robot Lab 并且单击下载,下载完成后单击 Import 按钮来导入,如图 4.30 所示。

② 在 Project 项目视图中,打开 Scenes 文件夹里面的 Empty 场景,如图 4.31 所示。

③ 添加发射子弹的脚本。在 Hierarchy 层次视图中,选中 Cameras,然后在 Inspector 检视视图中单击 Add Component 按钮,搜索 Shooter 并添加,最后将 Project 项目视图中 Assets 下的 Prefabs 文件里的 bullet 拖动到 Inspector 检视视图中 Projectile 右侧,将 Hierarchy 层次视图中 Cameras 下的 bulletPos 拖动到 Inspector 检视视图中 Shot Pos 右边,如图 4.32 所示。

图 4.30

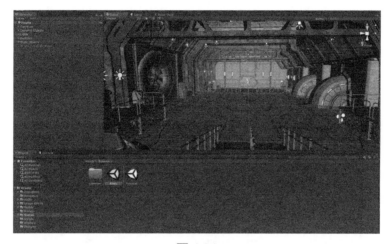

图 4.31

图 4.32

④ 单击工具栏中的播放按钮 ，在 Game 视图中按方向键可控制视野移动，单击可发射球形子弹。

⑤ 依次选择菜单栏中的 GameObject → 3D Object → Cube 命令，创建一个方块，然后在 Hierarchy 视图中选择 Cube，依次选择菜单栏中的 Component → Physics → Rigidbody 命令，为方块添加刚体组件，如图 4.33 所示。

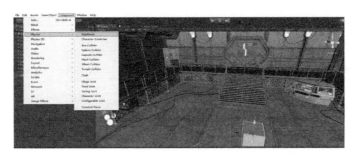

图 4.33

⑥ 选中 Cube，在 Inspector 检视视图中单击 Materials 下 Element0 右侧的按钮 ，在弹出的 Select Material 对话框中选择 TongueMaterial，为方块添加材质，如图 4.34 所示。

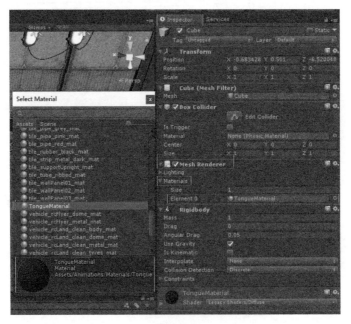

图 4.34

⑦ 单击工具栏中的播放按钮 ，在 Game 游戏视图中，子弹打中 Cube 时可以看到物体碰撞的效果，最终形成物理碰撞的交互，如图 4.35 所示。

图 4.35

# 第 5 章

## Shuriken 粒子系统

## 5.1　Shuriken 粒子系统概述

儿时的你是否也会幻想自己拥有超能力，能召唤各种水光火电或是操纵世间万物？现在的我们已经不需要幻想了，因为 Unity 粒子系统就能满足所有的这些或天真或充满童趣的想法。Unity 粒子系统可以制作烟雾、气流、火焰和各种大气效果，在游戏中被大量应用于游戏特效，能够极大地提高游戏的画面观感。本章我们学习 Unity 粒子系统来感受一下粒子系统的强大威力。

Shuriken 粒子系统采用模块化管理，加之个性化的粒子模块配合粒子曲线编辑器，使得用户更容易创作出各种缤纷复杂的粒子效果。

选择菜单 GameObject（游戏对象）→ Particle System（粒子系统）命令，即可在场景中新建一个名为 Particle System 的粒子系统对象，如图 5.1 所示。

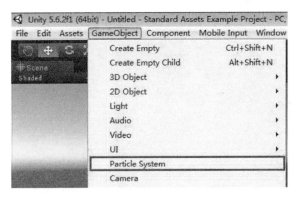

图 5.1

Scene 视图出现了一些从中心点向上飘飞的"雪花"粒子，如图 5.2 所示。粒子基本上是在三维空间中渲染出来的二维图像，我们通过属性参数的调整来制作五彩缤纷的效果。

图 5.2

粒子系统的控制面板主要由 Inspector 检视视图中 Particle System 组件的属性面板及 Scene 场景视图中的 Particle Effect 两个面板组成。我们在 Hierarchy 层次视图单击粒子系统对象，这样 Inspector 视图出现粒子系统参数的设置区域，在其区域内可以通过调节参数来改变粒子特效的展现效果。

我们注意到 Scene 视图右下角出现了一个 Particle Effect 面板，用于控制粒子的仿真过程，如图 5.3 所示。

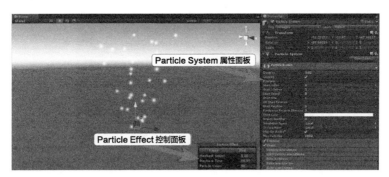

图 5.3

## 5.2 Shuriken 粒子系统参数讲解

本节将对常用的粒子系统参数进行详细讲解，以使读者在实际制作复杂粒子效果时参阅。下面我们对三个粒子现象来分析，如图 5.4 所示。

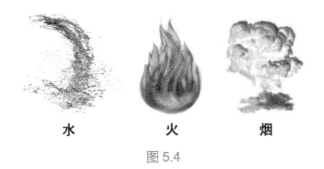

图 5.4

从水的粒子表现看出，是因为重力而细细流下。从火和烟的粒子表现看出，是因为气流而往上飘，而且有一定透明度。由此看出，使用的粒子表现都是通过各个粒子的颜色、大小和速度来调整的，所以它们很重要。在 Unity 里，可以通过粒子系统的组件来调整参数。

### 5.2.1 Initial（初始化模块）

粒子系统初始化模块，此模块为固有模块，无法将其删除或禁用，该模块定义了子粒子初始化时的持续时间、循环方式、发射速度、大小等一系列基本参数，如图 5.5 所示。

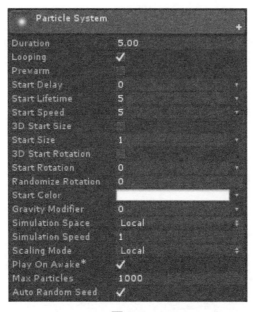

图 5.5

Particle System 粒子系统相关参数的介绍，含义如下：

（1）Duration：持续时间。粒子系统发射粒子的持续时间。

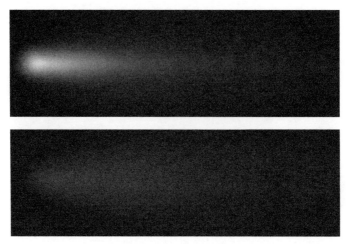

上图：Duration=5.00 表示在不循环的情况下，发射 5 秒就结束

下图：Duration=1.00 表示在不循环的情况下，发射 1 秒就结束

（2）Start Lifetime：初始生命，以秒为单位，粒子存活的数量。

上图：Start Lifetime=0.3 表示粒子显示 0.3 秒后消失

下图：Start Lifetime=2 表示粒子显示 2 秒后消失

（3）Start Speed：初始速度，粒子发射时的初始速度。

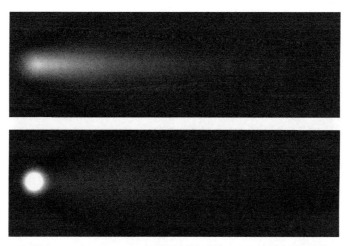

上图：Start Speed=32 表示发射速度为 32，数值越高越快

下图：Start Speed=1 表示发射速度为 1，数值越低越慢

（4）Start Size：初始大小，粒子发射时的初始大小。

上图：Start Size=1 表示粒子大小为 1

下图：Start Size=5 表示粒子大小为 3

（5）Start Rotation：初始旋转，粒子发射时的旋转角度。

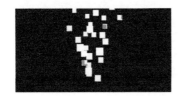 

左图：Start Rotation=0 表示粒子旋转的角度为 0°

右图：Start Rotation=45 表示粒子旋转的角度为 45°

（6）Start Color：初始颜色，粒子发射时的初始颜色。

上图：Start Color=White 表示粒子颜色是白色的

下图：Start Color=Blue 表示粒子颜色是蓝色的

（7）Gravity Modifier：重力修改器，粒子在发射时受到的重力影响。

上图：Gravity Modifier=0，无重力状态

下图：Gravity Modifier=1，受重力影响往下流

（8）Simulation Space：模拟空间，粒子系统的坐标在自身坐标系还是世界坐标系。

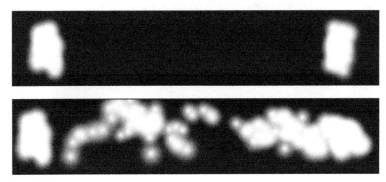

上图：Local 模式，从左到右移动的时候，
粒子都是从点到点，中间不会出现颗粒。

下图：World 模式，从左到右移动的时候，
移动的过程，中间出现颗粒。

（9）Scaling Mode：缩放模式，应用于粒子系统的大小和位置。

（10）Play On Awake：唤醒时播放。

（11）Max Particles：最大粒子数，粒子发射的最大数量。

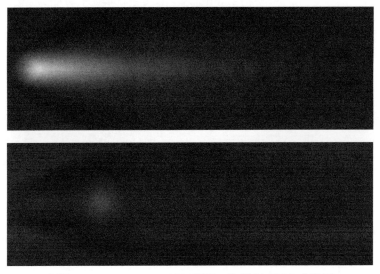

上图：Max Particles=1000 表示一次发射 1000 个粒子

下图：Max Particles=10 表示一次发射 10 个粒子

## 5.2.2 Emission（发射模块）

在粒子的发射时间内，可实现在某个特定的时间生成大量粒子效果，这对于模拟爆炸等需要产生大量粒子的情形非常有用，如图 5.6 所示。

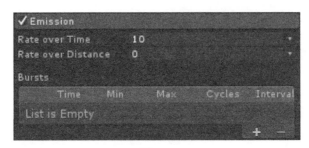

图 5.6

Emission 相关参数的介绍，含义如下。

（1）Rate：发射速率，每秒（Time）或每个距离（Distance）单位所发射的粒子个数。

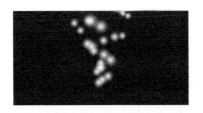 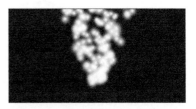

左图：Rate=10 表示每秒所发射 10 个粒子　　　　　右图：Rate=50 表示每秒所发射 50 个粒子

（2）Bursts：粒子爆发，在粒子持续时间内的指定时刻额外增加大量的粒子。

左图：未设置 Bursts，和平时一样发射粒子　　　　右图：　　　　　　　　　　　，发射粒子的过程中间出现爆炸现象

### 5.2.3　Shape（形状模块）

形状模块定义了粒子发射器的形状，可提供沿着该形状表面法线或随机方向的初始力，并控制粒子的发射位置及方向，如图 5.7 所示。

Shape 是设置粒子发射器的形状。不同形状的发射器发射粒子初始速度的方向不同，每种发射器下面对应的参数也有相应差别。单击右侧的下三角按钮可弹出发射器形状的选项列表，如图 5.8 所示。

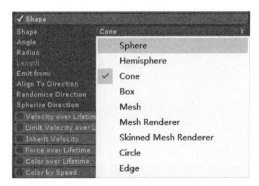

图 5.7　　　　　　　　　　　　图 5.8

- Sphere：球体发射器，参数列表及效果如图 5.9 和图 5.10 所示。

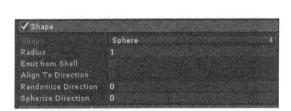
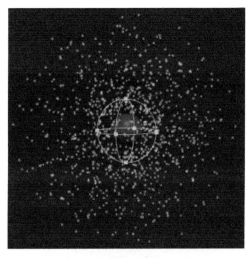

图 5.9　　　　　　　　　　　　图 5.10

- Hemisphere：半球发射器，参数列表及效果如图 5.11 和图 5.12 所示。

图 5.11　　　　　　　　　　　　图 5.12

- Cone：锥体发射器，参数列表及效果如图 5.13 和图 5.14 所示。

图 5.13

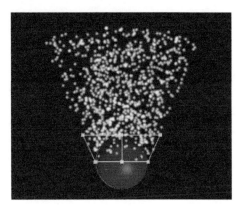

图 5.14

- Box：正方体发射器，参数列表及效果如图 5.15 和图 5.16 所示。

图 5.15

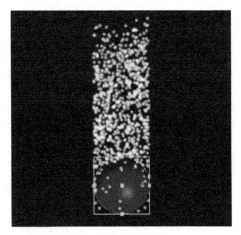

图 5.16

- Mesh：网络体发射器，参数列表及效果图如图 5.17 和图 5.18 所示。

图 5.17

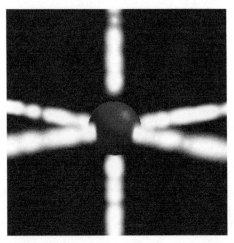

图 5.18

- Circle：圆形发射器，参数列表及效果如图 5.19 和图 5.20 所示。

图 5.19

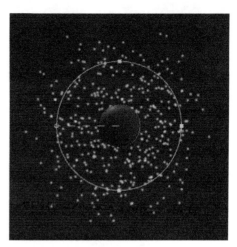
图 5.20

- Edge：边缘发射器，参数列表及效果如图 5.21 和图 5.22 所示。

图 5.21

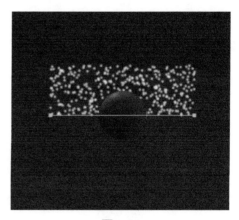
图 5.22

## 5.2.4　Velocity over Lifetime（生命周期速度模块）

该模块控制着生命周期内每一个粒子的速度，对于那些物理行为复杂的粒子，效果更明显，但对于那些具有简单视觉行为效果的粒子（如烟雾飘散效果）以及与物理世界几乎没有互动行为的粒子，此模块的作用就不明显，如图 5.23 所示。

图 5.23

以 Box 形状为例，给不同的轴设置数值，发射的粒子方向也不同，如图 5.24 所示。

图 5.24

### 5.2.5 Color over Lifetime（生命周期颜色模块）

该模块控制了每一个粒子在其生命周期内的颜色变化，如图 5.25 所示。

图 5.25

单击颜色块，弹出 Gradient Editor 对话框来选择渐变颜色，如图 5.26 所示。显示了每一个粒子在生命周期内随着时间而渐变的颜色。此模块比较适合制作烟花、霓虹灯效果。

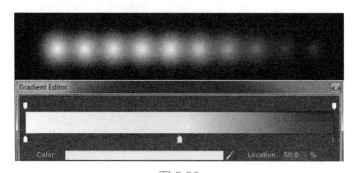

图 5.26

特别注意的是，颜色条上面是 Alpha 透明度，下面是 RGB 颜色，如图 5.27 所示。

图 5.27

### 5.2.6 Size over Lifetime（生命周期粒子大小模块）

此模块控制了每一个粒子在其生命周期内的大小变化，如图 5.28 所示。

图 5.28

单击 Size 右侧的块，显示出 Particle System Curves 曲线图，调整曲线来观察粒子大小，如图 5.29 所示。此模块比较适合做火焰效果。

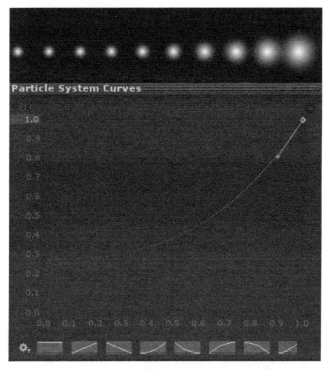

图 5.29

粒子系统模块的很多属性描述了数值随时间变化的情况，我们通过粒子系统曲线编辑器这个模式来调整属性值，属性值会随一个曲线的数据而改变，如图 5.30 所示。

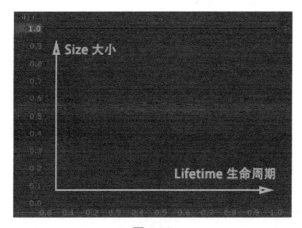

图 5.30

## 5.2.7 Renderer（粒子渲染器模块）

该模块显示了粒子系统渲染相关的属性，即使该模块被添加或移除，也不影响粒子的其他属性，如图 5.31 所示。

图 5.31

（1）Render Mode：渲染模式，有五种模式分别如下。
- Billboard：普通广告牌，让粒子永远面对摄像机。
- Stretched Billboard：拉伸广告牌，粒子将通过下面的属性伸缩。
- Horizontal Billboard：水平广告牌，让粒子沿 $y$ 轴对齐，面朝 $y$ 轴方向。
- Vertical Billboard：垂直广告牌，让粒子沿 $x$、$z$ 轴对齐。
- Mesh：根据网格来形成广告牌。

（2）Material：材质，用于指定渲染粒子的材质。

## 5.2.8 Particile Effect（粒子效果面板）

单击 Pause 按钮可使当前的粒子暂停播放，再次单击该按钮可继续播放；单击 Stop 按钮可是当前粒子停止播放；Playback Speed 标签为粒子的回放速度，拖动 Playback Speed 标签或者在其右边输入数值可改变该速度值；Playback Time 为粒子回放的时间，拖动 Playback Time 标签或者在其右边输入数值可改变该时间值，如图 5.32 所示。

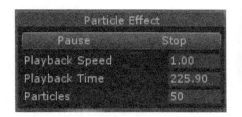

图 5.32

## 5.3 Shuriken 粒子系统特效插件

调整令人满意的粒子特效不是一件那么容易的事情，当然也可以通过 Asset Store 来购买或下载现成的粒子系统特效插件，以下是 Unity 官方公司推荐的几款粒子系统特效插件。

### 5.3.1 Ultimate VFX v2.7

这是一款用于在 Unity 中模拟火花、烟雾、闪电、风暴及海浪等景象的粒子系统插件，其中包含大量 3A 级纹理资源，可使用超高分辨率的图片与高级粒子系统配置来实现精彩的图形效果，如图 5.33 所示。使用者可以直接基于插件所提供的预制件进行调整，来打造适合自己的粒子特效，或是利用其中提供的纹理与脚本等资源，从零开始创作独有的特效。

图 5.33

插件共包含 300 余个预制件，从简到繁应有尽有。同时提供了 200 余张纹理可用于创建自定义的高分辨率特效。另外还提供了多个附加的特效包，其中 XP Storm 用于模拟雨雪、雾效及风暴等自然现象的粒子特效，XP Actions 则用于模拟类似爆炸等带有动作的粒子特效，XP Titles 则包含一些动态的游戏背景、UI、菜单等元素，如图 5.34 所示。

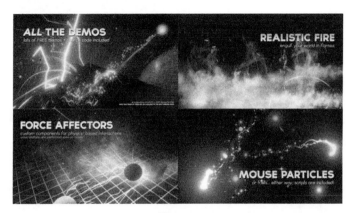

图 5.34

### 5.3.2 Realistic Effects Pack 4

这款插件包带有将近 30 种各具特色的技能特效，并且为不同类型的特效提供了单独的着色器，同时支持 PC 端主机、VR 及移动平台，如图 5.35 所示。有专门针对移动平台进行优化的扭曲与物理校正 Bloom 特效着色器。

图 5.35

所有特效均以预制件的形式提供，方便使用者进行调整或自定义适合游戏的特效。只需单击或拖曳操作即可为场景加上炫酷的粒子特效。插件在 Unity 标准粒子系统的基础上通过自定义着色器，实现了能够用于 2D 与 3D 场景的粒子特效，并且所有粒子纹理均为高清分辨率，以满足不同硬件级别的需求。通过代码添加粒子特效也相当简单，只需像初始化普通预制件那样调用 Instantiate 函数即可，如图 5.36 所示。

图 5.36

### 5.3.3 Magic Arsenal

该插件包含将近 300 种粒子特效，按照不同的使用场景与特效形式分为十几个大类，每一类中包含多个粒子特效（见图 5.37）。例如其中带有 10 种不同魔法类型、40 种投掷型特效、40 种技能影响特效、60 多种氛围特效、10 种随时间的伤害特效、10 种砍劈特效、10 种充能特效等，使用的纹理分辨率低至 64×64，高至 1024×1024，同时也为不同类型的特效提供了对应的声音特效，能满足大量游戏的需求，如图 5.38 所示。

图 5.37

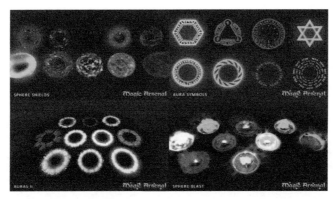

图 5.38

使用该插件也非常简单,同样只需简单的单击和拖曳预制件即可完成所有操作,当然也可以根据实际项目的需求对插件中的粒子特效进行调整,更换颜色,设置缩放和速度等属性。

## 5.4 Shuriken 粒子系统案例

**动手操作:运用粒子系统制作太阳日冕效果**

下面是制作太阳的效果场景,最终效果如图 5.39 所示。

图 5.39

**1** 新建 Unity 工程项目，将下载目录的 Unity 第五章 /5.4/Sun 文件夹里面的所有文件复制到工程文件夹下，如图 5.40 所示。

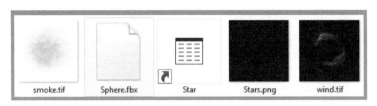

图 5.40

**2** 选择菜单 Window（窗口）→ Lighting（烘焙）命令，将 Skybox 设置为刚刚导入的 Star 天空盒，如图 5.41 所示。

**3** 选择菜单 GameObject（游戏对象）→ Particle System（粒子系统）来创建粒子系统，重命名为 SunSurface 并调整 Transform 参数，如图 5.42 所示。

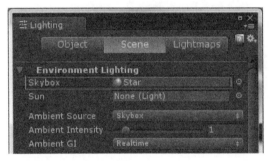

图 5.41

图 5.42

**4** 在 Shape 模块里调整粒子发射器的形状和参数，如图 5.43 所示。

**5** 在 Start Size 右侧单击三角形并下拉菜单，选择 Random Between Two Constants，然后输入 10 和 25，如图 5.44 所示。

图 5.43

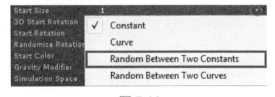

图 5.44

**6** 在 Start Speed 设置为 0，如图 5.45 所示。

**7** 在 Project 项目视图右键单击 Material 来创建新材质，重命名为 SunSurface，将材质的 Shader 设置为 Particles/Additive（Soft），然后将导入的 Smoke 图片拖到 Inspector 检视视图里的 Particle Texture（粒子纹理），如图 5.46 所示。

图 5.45

图 5.46

⑧ 将 Surface 材质拖入到 Inspector 检视视图的 Renderer 模块里的 Material，然后将 Max Particle Size 设置为 1，如图 5.47 所示。

⑨ 将 Color over Lifetime 打勾，并单击颜色块，弹出 Gradient Editor 对话框，调整颜色如图 5.48 所示。

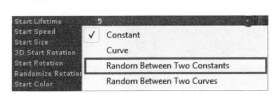

图 5.47

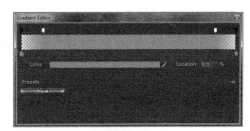

图 5.48

⑩ 在 Start Lifetime 右侧单击三角形并下拉菜单，选择 Random Between Two Constants，然后输入 25 和 5，如图 5.49 所示。

⑪ 在 Emission 模块里将 Rate over Time 设置为 500，如图 5.50 所示。

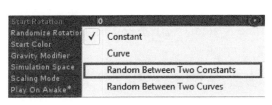

图 5.49

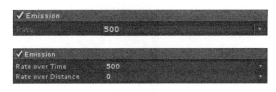

图 5.50

⑫ 在 Start Rotation 右侧单击三角形并下拉菜单，选择 Random Between Two Constants，然后输入-180 和 180，如图 5.51 所示。

⑬ 将 Rotation over Lifetime 打勾，在 Angular Velocity 右侧单击三角形并下拉菜单，选择 Random Between Two Constants，然后输入-15 和 15，如图 5.52 所示。

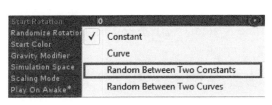

图 5.51

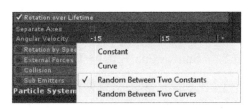

图 5.52

[14] 将 Project 项目里的 Sphere 模型导入到场景里，并调整参数，如图 5.53 所示。

[15] 在 Project 项目视图右键单击 Material 来创建新材质，重命名为 SunColor，调整 Albedo 为黑色（#000000），Emission 为红色（#FFB200），将 Surface 材质拖入到 Sphere 模型，如图 5.54 所示。

图 5.53　　　　　　　　　　　　　　图 5.54

[16] 这样，太阳就完成了，如图 5.55 所示，下一步我们制作日冕。

图 5.55

[17] 选择菜单 GameObject（游戏对象）→ Particle System（粒子系统）来创建粒子系统，重命名为 SunCorona 并调整 Transform 参数，如图 5.56 所示。

[18] 在 Shape 模块里调整粒子发射器的形状和参数，如图 5.57 所示。

图 5.56

图 5.57

**19** 在 Project 项目视图右键单击 Material 来创建新材质，重命名为 SunCorona，将材质的 Shader 设置为 Particles/Additive，然后将导入的 Smoke 图片拖到 Inspector 检视视图里的 Particle Texture（粒子纹理），如图 5.58 所示。

**20** 将 Surface 材质拖入到 Inspector 检视视图的 Renderer 模块里的 Material，并将 Max Particle Size 设置为 1，如图 5.59 所示。

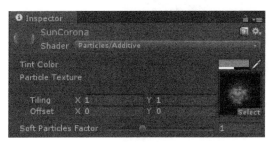

图 5.58

图 5.59

**21** 将 Color over Lifetime 打勾，并单击颜色块，弹出 Gradient Editor 对话框，调整颜色如图 5.60 所示。

**22** 在 Initial 和 Emission 模块调整参数，如图 5.61 所示。

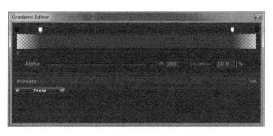

图 5.60

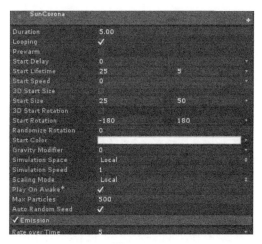

图 5.61

**23** 将 Rotation over Lifetime 打勾，在 Angular Velocity 右侧单击三角形并下拉菜单，选择 Random Between Two Constants，然后输入 -15 和 15，如图 5.62 所示。

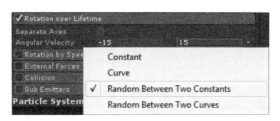

图 5.62

**24** 这样，日冕就完成了，如图 5.63 所示，进入最后一步制作太阳环。

图 5.63

**25** 选择菜单 GameObject（游戏对象）→ Particle System（粒子系统）来创建粒子系统，重命名为 SunLoop 并调整 Transform 参数，如图 5.64 所示。

**26** 在 Shape 模块里调整粒子发射器的形状和参数，如图 5.65 所示。

图 5.64

图 5.65

**27** 在 Project 项目视图右键单击 Material 来创建新材质，重命名为 SunLoop，将材质的 Shader 设置为 Particles/Additive，然后将导入的 wind 图片拖到 Inspector 检视视图里的 Particle Texture（粒子纹理），如图 5.66 所示。

**28** 将 Surface 材质拖入到 Inspector 检视视图的 Renderer 模块里的 Material，并将

Max Particle Size 设置为 1，如图 5.67 所示。

图 5.66

图 5.67

**29** 在 Initial 和 Emission 模块调整参数，如图 5.68 所示。

图 5.68

**30** 将 Color over Lifetime 打勾，并单击颜色块，弹出 Gradient Editor 对话框，调整颜色如图 5.69 所示。

**31** 将 Rotation over Lifetime 打勾，在 Angular Velocity 右侧单击三角形并下拉菜单，选择 Random Between Two Constants，然后输入 –2 和 2，如图 5.70 所示。

图 5.69

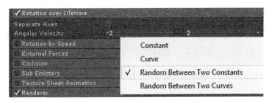

图 5.70

**32** 这样太阳环就完成了,运行游戏,如图 5.71 所示。

图 5.71

### 动手操作:制作瀑布效果

下面是制作瀑布的效果场景,最终效果如图 5.72 所示。

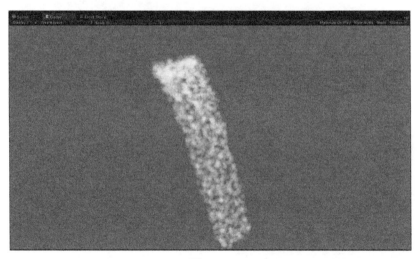

图 5.72

**1** 启用 Unity 应用程序,在启动界面单击 New project 按钮,新建名 New project 的工程文件并打开,如图 5.73 所示。

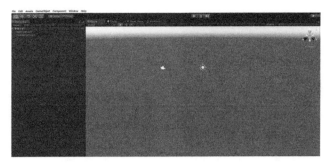

图 5.73

2 依次选择菜单栏的 GameObject → Partical System 命令，在场景中创建一个粒子系统对象，如图 5.74 所示，然后重命名为 waterFall，制作一个"瀑布效果"的粒子。

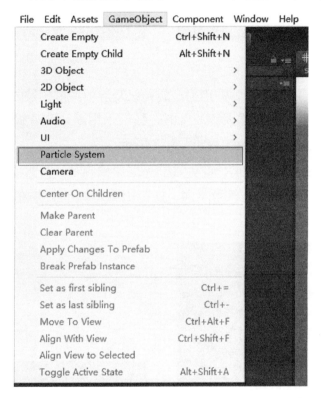

图 5.74

3 首先我们设定瀑布的基础数值，决定瀑布的长度和受重力影响，以及水流的颜色，长度设置为 3，受重力影响设置为 1，如图 5.75 所示。

4 在 Emission（发射模块）调整 time 数值为 500，shape（形状模块）更改为 Box，此处可以根据场景或地形状态调整发射器的形状和大小，如图 5.76 所示。

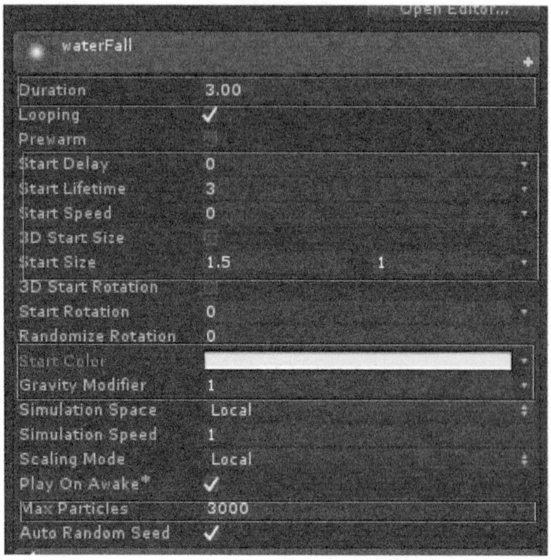

图 5.75

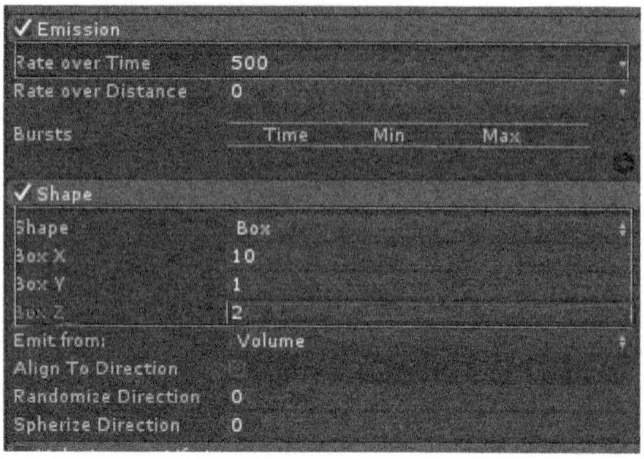

图 5.76

**5** 下面调整生命周期的速度、作用力、旋转以及旋转速度的控制，从而达到更好地展现粒子喷射形成的效果，在设置旋转速度时，我们采用默认的直线不做调整，此时单击 Open Editor... 查看直线，数值应为 45，如图 5.77 所示。

**6** 接下来调整碰撞模块的数值，此处我们无场景情况下设置碰撞面为摄像机，如果有场景的情况下，可以选择为地面或者水面，让粒子截止到一个平面，不会一直延伸下去，如图 5.78 所示。

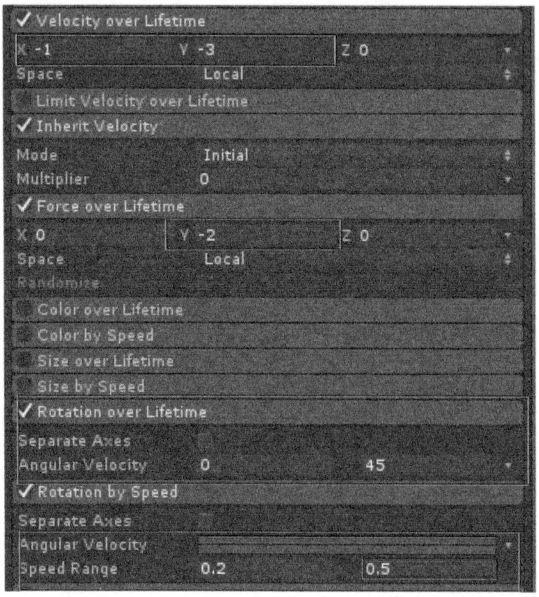

图 5.77

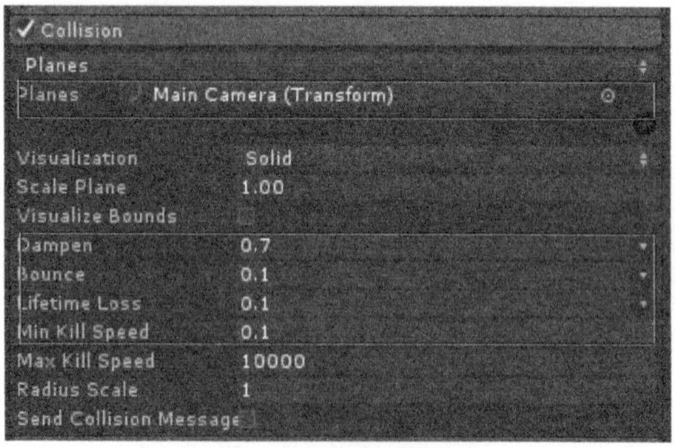

图 5.78

**7** 右击 Project 视图下的 Assets 文件夹，选择 Import Package 命令导入 Particle

Systems 粒子系统资源,打开 Fireworks(粒子编辑面板)的 Render 项将 Material(材质)更换为 ParticleWaterSpray。Render 面板参数设置如图 5.79 所示。

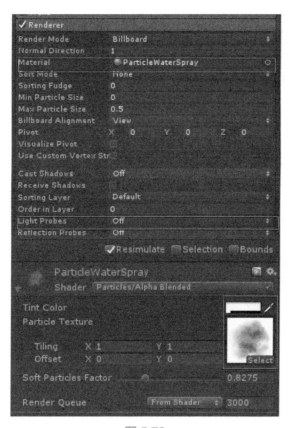

图 5.79

⑧这样瀑布效果就做好了,waterFall(瀑布)制作完成,然后单击工具栏中的播放按钮(或按【Ctrl+P】组合键)运行场景,如图 5.80 所示。

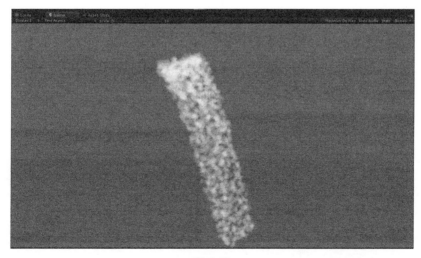

图 5.80

## 动手操作：制作卡通爆炸效果

下面是制作爆炸的效果场景，最终效果如图 5.81 所示。

图 5.81

**1** 新建 Unity 工程项目，将下载目录的 Unity 第五章 /5.4/Boom 文件夹里面的所有文件复制到工程文件夹下，如图 5.82 所示。

图 5.82

**2** 选中 Main Camera，在 Inspector 检视视图中的 Clear Flags 设置为 Solid Color，Background 颜色设置为黑色，如图 5.83 所示。

**3** 选择菜单 GameObject（游戏对象）→ Particle System（粒子系统）来创建粒子系统，重命名为 BoomText 并置零，如图 5.84 所示。

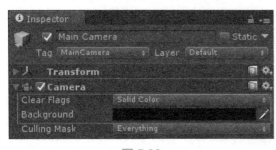

图 5.83

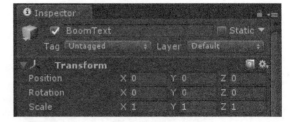

图 5.84

④ 在 Project 项目视图右键单击 Material 来创建新材质，重命名为 Boom_Text，将材质的 Shader 设置为 Particles/Additive，然后将导入的 BoomText 图片拖到 Inspector 检视视图里的 Particle Texture（粒子纹理），如图 5.85 所示。

⑤ 将 Boom_Text 材质拖入到 Inspector 检视视图的 Renderer 模块里的 Material，并将 Max Particle Size 改为 3，如图 5.86 所示。

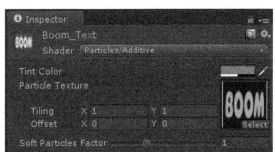
图 5.85

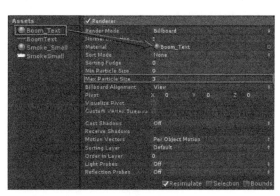
图 5.86

⑥ 在 Initial 和 Emission 模块调整参数，如图 5.87 所示。

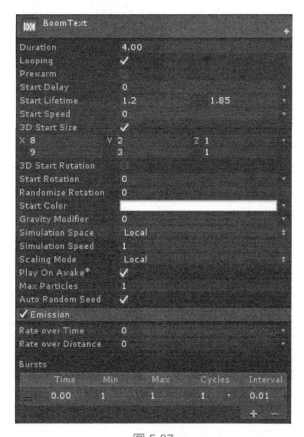
图 5.87

⑦ 将 Color over Lifetime 打勾，并单击颜色块，弹出 Gradient Editor 对话框，调整颜色如图 5.88 所示。

⑧ 将 Size over Lifetime 打勾，并单击 Size 旁边的曲线块，下面 Particle System Curves 出现曲线图，调整曲线如图 5.89 所示。

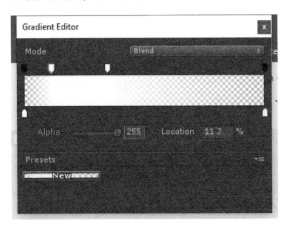

图 5.88

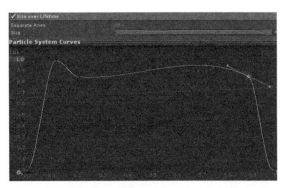

图 5.89

⑨ 这样，爆炸文字就完成了，如图 5.90 所示，下一步我们制作爆炸效果。

⑩ 选择菜单 GameObject（游戏对象）→ Particle System（粒子系统）来创建粒子系统，重命名为 SmokeSmall 并置零，如图 5.91 所示。

图 5.90

⑪ 在 Project 项 目 视 图 右 键 单击 Material 来创建新材质，重命名为 Smoke_Small，将材质的 Shader 设置为 Particles/Additive，然后将导入的 SmokeSmall 图片拖到 Inspector 检视视图里的 Particle Texture（粒子纹理），如图 5.92 所示。

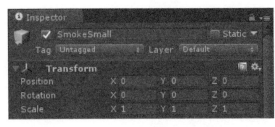

图 5.91

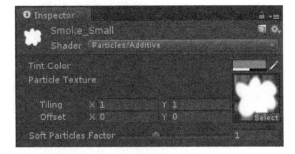

图 5.92

⑫ 将 Smoke_Small 材质拖入到 Inspector 检视视图的 Renderer 模块里的 Material，并将 Max Particle Size 改为 3，如图 5.93 所示。

**13** 在 Initial 和 Emission 模块调整参数，如图 5.94 所示。

**14** 在 Shape 模块里将 Shape 设置为 Sphere，如图 5.95 所示。

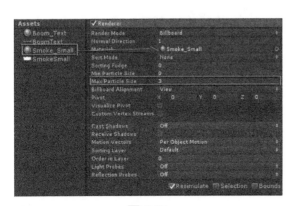

图 5.93

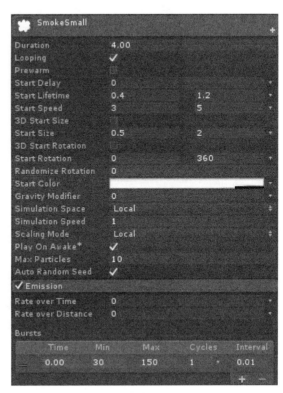

图 5.95

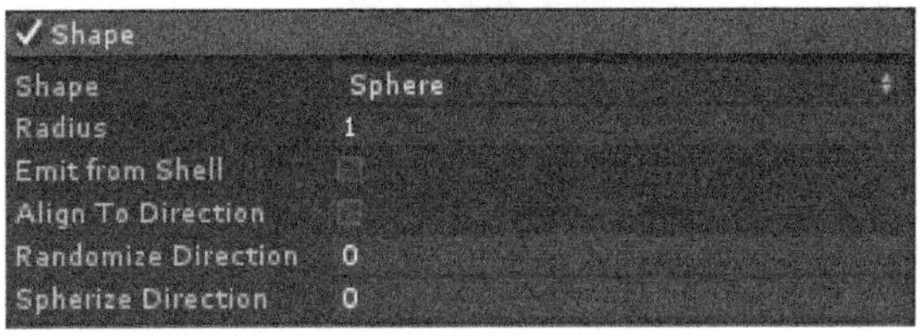

图 5.94

**15** 在 Initial 模块里的 Start Color 右侧单击三角形并下拉菜单，选择 Random Between Two Colors，然后改变两种不同颜色，分别是（233，108，72，206）和（229，172，50，186），如图 5.96 所示。

**16** 将 Color over Lifetime 打勾，并单击颜色块，弹出 Gradient Editor 对话框，调整颜色如图 5.97 所示。

**17** 将 Size over Lifetime 打勾，并单击 Size 旁边的曲线块，下面 Particle System Curves 出现曲线图，调整曲线如图 5.98 所示。

图 5.96

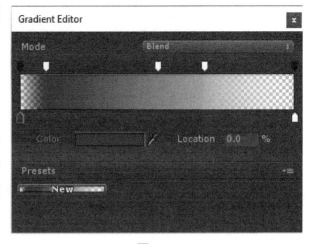

图 5.97

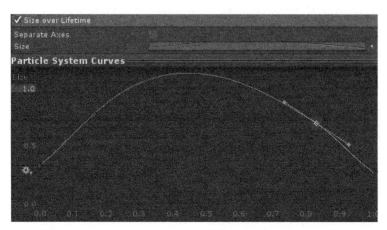

图 5.98

**18** 将 Rotation over Lifetime 打勾，在 Angular Velocity 右侧单击三角形并下拉菜单，选择 Random Between Two Constants，然后输入 5 和 20，如图 5.99 所示。

图 5.99

**19** 这样爆炸效果已经完成了，运行游戏，如图 5.100 所示。

图 5.100

# 第 6 章

## Mecanim 动画系统

## 6.1 Mecanim 动画系统概述

Unity 提供了一个强大且复杂的动画系统，操作比较灵活，能轻松制作动画，让游戏角色动作更接近真实，它就是从 Unity 4.0 版本开始新推出的动画系统——Mecanim，如图 6.1 所示。Mecanim 是 Unity 中比较高级的板块，在企业中有着广泛的应用。

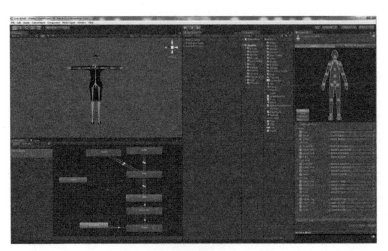

图 6.1

Mecanim 的特点如下。
（1）为人型角色提供简易的工作流和动画创建能力。
（2）动画重定向，即把动画从一个角色模型的动画应用到另一个角色模型上。
（3）简化工作流程以调整动画片段。
（4）方便预览动画片段、在片段之间转换和交互。
（5）使用可视化编程工具管理动画之间复杂的交互。
（6）对身体不同部位用不同逻辑进行动画控制。

Unity 里面的 Rig 选项卡有三种不同的动画类型（Animation Type），分别是 Legacy、Generic 和 Humanoid，可用来指定模型的骨骼类型，如图 6.2 所示。

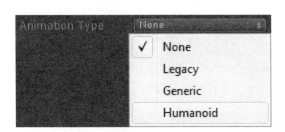

图 6.2

（1）Legacy：此为一般传统动画，可以通过简单的脚本语言来播放动画（如 Play（ ）

和 Stop（）），但缺点的是角色的动作与动作之间没有混合动作，切换动作时比较生硬，不自然，建议不使用此动画类型。

（2）Generic：此为非人体骨架动画（例如动物），但是它不能向 Humanoid 重定向动画。

（3）Humanoid：理解为人形骨骼动画，可以通过 Mecanim 来控制动画状态，是本章的重点。

动手操作：准备 Unity-chan 人物

1 新建 Unity 工程项目，按下【Ctrl+9】快捷键来打开 Asset Store 资源商店视图，在搜索框输入 Unity-chan 并查找，然后单击 Download 按钮下载并导入，如图 6.3 所示。

图 6.3

2 在 Project 项目视图的 UnityChan/Models 文件夹里选择 unitychan 模型文件，然后拖入到 Scene 场景视图里，并添加 Plane 平面模型，如图 6.4 所示。

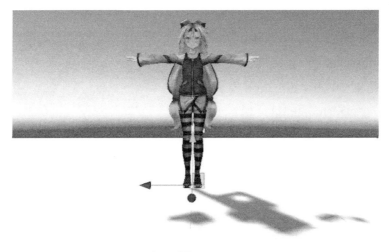

图 6.4

3 为了场景美观，在 Project 项目视图的 UnityChan/Stage/Materials 文件夹里选择 unitychan-tile5 材质文件，然后拖入到 Hierarchy 层次视图里的 Plane，如图 6.5 所示。

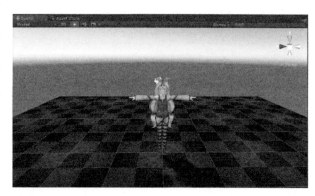

图 6.5

## 6.2 创建和配置 Avatar

Mecanim 动画系统特别适合于人形角色动画的制作。人形骨架是在游戏中最普遍采用的一种骨架结构，Unity 为其提供了一个特别的工作流和一整套扩展的工具集。由于人形骨架结构的相似性，用户可以实现将动画效果从一个人形骨架映射到另外一个人形骨架上去，从而实现动画重定向功能。除极少数情况之外，人形模型均具有相同的基本结构，即头部、躯干、四肢等。Mecanim 正是充分利用了这一特点来简化了骨骼绑定和动画控制过程。创建动画的一个基本步骤就是建立一个从 Mecanim 系统的简化人形骨架结构到用户实际提供的骨架结构的映射，这种映射关系称为 Avatar。

### 6.2.1 创建 Avatar

在 Project 项目视图的 UnityChan/Models 文件夹里选择 unitychan 模型文件，然后在 Inspector 检视视图单击 Animation Type 右侧的下拉菜单，选择 Humanoid，然后单击 Apply 按钮，Mecanim 系统内嵌的骨架结构进行匹配。在多数情况下，这一步骤可以由 Mecanim 系统通过分析骨架的关联性而自动完成。如果匹配成功，用户会看到在 Configure 按钮左边出现了一个"√"号，如图 6.6 所示。

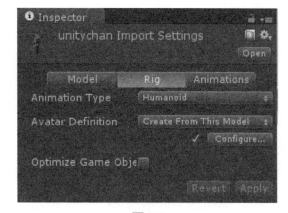

图 6.6

同时，在匹配成功的情况下，在 Project 视图中的资源文件夹中，一个 Avatar 子资源将被添加到模型资源中，选择该子资源可以配置这个 Avatar，如图 6.7、图 6.8 所示。

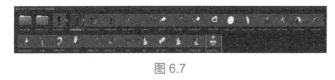

图 6.7

图 6.8

图 6.9

需要注意的是，这里所说的匹配成功仅仅表示成功匹配了所有必要的关键骨骼，如果想达到更好的效果，即使一些非关键骨骼也需匹配成功并使模型处于正确的 T-pose（T 形姿态），还需要对 Avatar 进行手动调整，关于这一点在下一节中会有更为详细的介绍。如果 Mecanim 没能成功创建该 Avatar，在 Configure 按钮左边会显示一个"×"号，当然也不会生成相应的 Avatar 子资源。遇到这种情况，需要对 Avatar 进行手动配置。

## 6.2.2 配置 Avatar

Avatar 是 Mecanim 系统中极为重要的模块，因此为模型资源正确地设置 Avatar 也就变得至关重要。不管 Avatar 的自动创建过程是否成功，用户都需要进入 Configure Avatar 界面中去确认 Avatar 的有效性，即确认用户提供的骨骼结构与 Mecanim 预定义的骨骼结构已经正确匹配起来，并且模型已经处于 T 形姿态。在单击 Configure Avatar 按钮后，编辑器会要求保存当前场景。这只是因为在 Configure 模式下，Scene 视图将被用于显示当前选中模型的骨骼、肌肉和动画信息，而不再被用来显示游戏场景，如图 6.9 所示。

单击 Save 按钮保存后，会显示一个新的 Avatar 配置面板，其中包含了一个反映关键骨骼映射信息的视图，如图 6.10 所示。

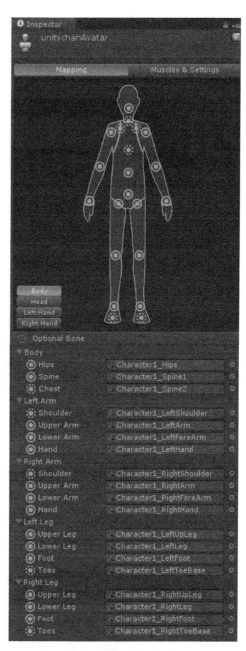

图 6.10

该视图显示哪些骨骼是必须的（实线圆圈），哪些骨骼是可选匹配的（虚线圆圈）；可选匹配骨骼的运动会根据必须匹配骨骼的状态来自动插值计算。为了方便 Mecanim 进行骨骼匹配，用户提供的骨架中应有所有必须匹配的骨骼。此外，为了提高匹配的概率，应尽量通过骨骼代表的部位来给骨骼命名（例如左手命名为 Leftarm，右前臂命名为 Rightforearm 等）。

如果无法为模型找到合适的匹配，用户也可以通过以下类似 Mecanim 内部使用的方法来进行手动配置。

❶ 单击 Pose → Sample Bind-Pose（得到模型的原始姿态），如图 6.11 所示。

❷ 单击 Mapping → Automap（基于原始姿态创建一个骨骼映射），如图 6.12 所示。

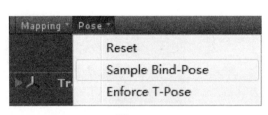
图 6.11

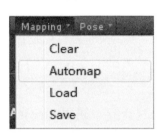
图 6.12

❸ 单击 Pose → Enforce T-Pose（强制模型贴近 T 形姿态，即动画 Mecanim 的默认姿态）。

在上述第二个步骤中，如果自动映射（单击 Mapping → Automap）的过程完全失败或者局部失败，用户可以通过从 Scene 视图或者 Hierarchy 视图中拖动骨骼并指定骨骼。如果 Mecanim 认为骨骼匹配，将在 Avatar 面板中以绿色显示；否则以红色显示。最后，如果骨骼指定正确但角色模型并没有处于正确位置，用户看到 Character not in T-Pose 提示，可以通过 Enforce T-Pose 或者直接旋转骨骼至 T 形姿态。

上述的骨骼映射信息还可以被保存成一个 Human Template File（人形模板文件），其文件扩展名为 .ht，这个文件就可以在所有使用这个映射关系的角色之间复用。

## 6.3　设置 Animator Controller（动画控制器）

在制作动画的时候，一个最基本的操作是确保动画能够很好地循环播放。任何含有 Avatar 的游戏对象都同时需要一个 Animator 组件，而且引用了一个 Animator Controller。

**动手操作：设置动画控制器**

❶ 在 Project 项目视图中单击鼠标右键，在弹出的菜单中选择 Create（创建）→ AnimatorController（动画控制器）命令，如图 6.13 所示。

❷ 创建 AnimatorController（动画控制器）文件后，并重命名为 ChanAni，如图 6.14 所示。

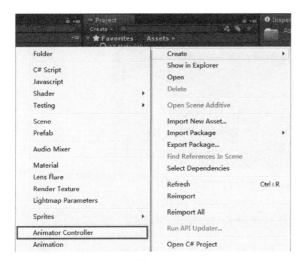

图 6.13　　　　　　　　　　　　　　　图 6.14

❸ 双击 ChanAni 动画控制器文件来打开 Animator 动画视图，如图 6.15 所示。

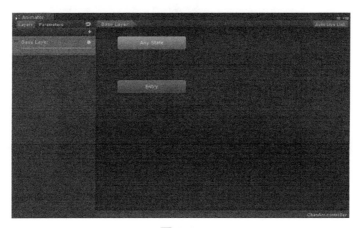

图 6.15

❹ 在 Project 项目视图的 UnityChan/Animations 文件夹里选择 unitychan_WAIT00 动画文件，然后拖入到 Animator 动画视图，显示出 WAIT00 橙色标志，如图 6.16 所示。

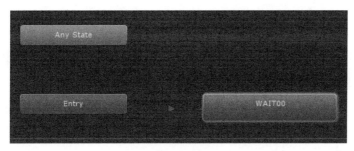

图 6.16

5 回到 Scene 场景，选中 Unity-chan 模型，将 ChanAni 动画控制器文件拖入到 Inspector 检视视图的 Animator 组件里的 Controller，如图 6.17 所示。

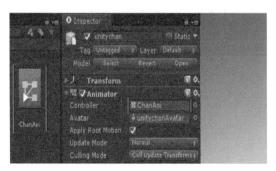

图 6.17

6 运行游戏，看到 Unity-chan 人物正在进行 Wait 等待动画，如图 6.18 所示。

图 6.18

## 6.4 设置 Blend Tress（动作混合树）

在 Unity 中，我们也可以使用旋转达成角色模型的转弯效果，但为了达到更真实的效果，我们会使用左转弯及右转弯的动画，在转弯时身体会向左或向右倾斜，并且搭配原本的跑步动画，可让角色的转弯效果更好。动画混合树是用于允许通过按不同程度组合所有动画的各个部分来平滑混合多个动画，通过这个可以从一个运动很好地转换为完全不同的运动。动画混合树可以作为状态机中一种特殊的动画状态而存在。

在 Blend Type 选项中可以指定不同的混合类型，主要包括 1D 混合和 2D 混合两种。1D 混合就是通过唯一的一个参数来控制子动画的混合。2D 混合是通过两个参数来控制子动画的混合。

## 动手操作：设置动作混合树

**1** 继续上一节的例子，在 Animator 动画视图的空白处单击鼠标右键，在弹出的菜单中选择 Create State（新建状态）—From new Blend（通过创建新的混合树），这样就显示黑色标志，如图 6.19 所示，并重命名为 Walk。

**2** 双击"Walk"黑色标记，进入混合树视图。在 Inspector 检视视图中的 Blend Type 选择为 2D Simple Directional，如图 6.20 所示。

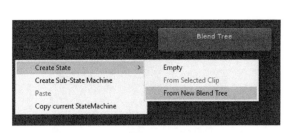

图 6.19

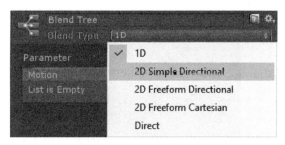

图 6.20

**3** 在 Animator 动画视图，选择 Parameters 标签，并单击"+"按钮，单击 Float 来创建两个参数，分别重命名为 InputH 和 InputV，如图 6.21 所示。

**4** 在 Inspector 检视视图里面的 Parameters 分别选择为 InputH 和 InputV，如图 6.22 所示。

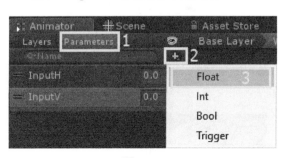

图 6.21

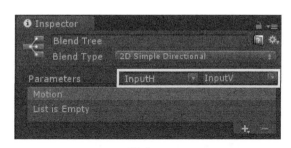

图 6.22

**5** 在 Motion 选项里单击"+"按钮，并单击 Add Motion Field 选项，创建四个参数，如图 6.23 所示。

**6** 将四个向前（F）、向后（B）、向左（L）和向右（R）动画分别赋值给右侧，并设置参数，如图 6.24 所示。

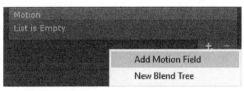

图 6.23

图 6.24

7 返回到 Base Layer 层，在 WAIT00 橙色标志右键单击 Make Transition，并连接到 Walk 黑色标志，如图 6.25 所示。

8 单击连接线，在 Inspector 检视视图调整参数，如图 6.26 所示。

9 重复第 7 步，然后单击连接线，在 Inspector 检视视图调整参数，如图 6.27 所示。

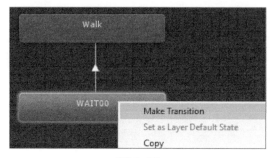

图 6.25

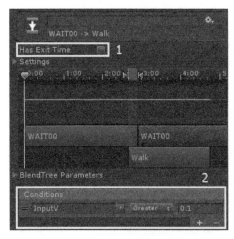

图 6.26

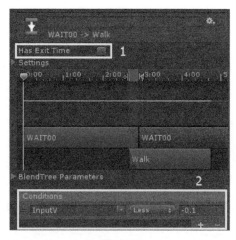

图 6.27

10 在 Walk 黑色标志右键单击 Make Transition，并连接到 WAIT00 橙色标志，如图 6.28 所示。

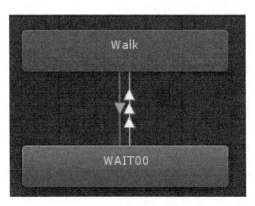

图 6.28

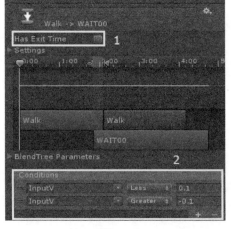

图 6.29

11 单击连接线，在 Inspector 检视视图调整参数，如图 6.29 所示。

## 6.5 控制人物走路方向

❶给 unity-chan 人物添加 Rigidbody 组件，去掉 Use Gravity 勾选，并给 Freeze Rotation 三个轴打勾，如图 6.30 所示。

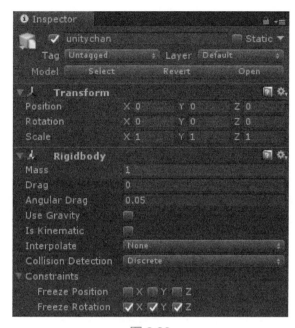

图 6.30

❷在 Project 项目视图创建 C# 脚本文件，重命名为 AniControl，如图 6.31 所示。

图 6.31

❸脚本如下：

```
using UnityEngine;

public class AniControl : MonoBehaviour {

    public Animator anim;
```

```
    private float inputH;
    private float inputV;

    // Use this for initialization
    void Start () {
        anim = GetComponent<Animator>();
    }

    // Update is called once per frame
    void Update () {
        inputH = Input.GetAxis("Horizontal");
        inputV = Input.GetAxis("Vertical");

        anim.SetFloat("InputH", inputH);
        anim.SetFloat("InputV", inputV);

        float moveX = inputH * 0.2f * Time.deltaTime;
        float moveZ = inputV * 0.5f * Time.deltaTime;

        transform.Translate(moveX, 0, moveZ);
    }
}
```

4 将 AniControl 脚本拖曳到 unitychan 游戏对象，并运行游戏。这样就可以通过方向键来控制人物走路，如图 6.32 所示。

图 6.32

# 第7章

## Unity 光照贴图技术

## 7.1 光照贴图技术示例

光影是画面的核心，想要在游戏画面上呈现精致的效果，需要对实时光源（Real time light）以及静态烘焙贴图（Lightmapping）做精细的处理，做到既能保证项目运行的效能，又不失画面的丰富层次。

由于游戏通常是及时成像运算，所以实时光照运算非常耗时。运用 Lightmapping 光照贴图技术时，可以先计算场景内的光影效果产生的氛围，之后关闭光源，以保证执行游戏时光源达到最少。增加游戏效能的同时，可以使静态场景看上去更加真实，丰富。但在游戏策划上需要注意，避免动态光源和光照贴图重合，使得镜头"穿帮"。

**动手操作：简单的光照渲染**

❶ 打开 Unity 应用程序并新建一个场景（可在场景中直接创建物体），场景中包含一个 Plane、多个 Cube 和 Sphere。这些物体在 Game Object 选项下的 3D Object 里都可以找到，然后我们利用 Toolbar（工具栏）中的移动、旋转、缩放等命令，对场景中所创建的物体进行编辑，将其全部放置在 Plane 上面，如图 7.1 所示。

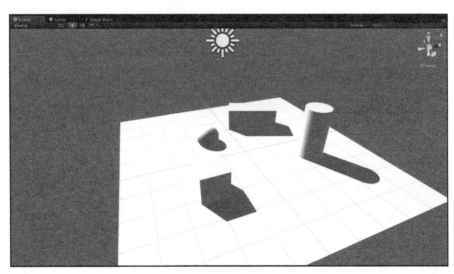

图 7.1

❷ 找到菜单栏中的 Assets → Create → Material 命令，为场景中的物体创建三个材质球，分别以 Blue、Yellow 和 Purple 命名，并且选择对应颜色，区分不同的形状物体，然后将材质球分别拖曳添加到 Cube 和 Sphere 上。按照图 7.2 设置材质参数，添加材质后的场景如图 7.3 所示。

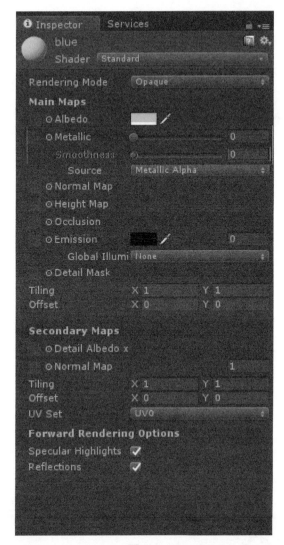

图 7.2

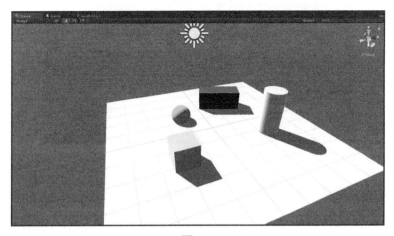

图 7.3

③ 在 Inspector 视图中的查看 Other Settings 项，检查下列选项是否正确，此参数列表在菜单栏中的 Edit → Project Settings → Player 命令中可以找到，如图 7.4 所示。

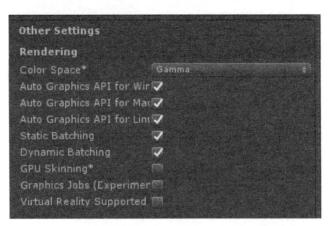

图 7.4

④ 在 Lighting 单击 Object 下的 Renderers 选项，选中 Hierarchy 视图中的 Game Object，设置为 Lightmap Static。在选择菜单栏的 Window → Lighting → Settings 命令后，会弹出 Lighting 视图。具体参数如图 7.5 所示。

图 7.5

⑤ 单击 Renderers 旁的 Lights 选项，设置 Baking 模式为 Realtime 并调整光照强度和反射强度，参数设置分别为 2、0.9，下方 Shadow Type（阴影类型）下的 Bias 参数设置为 0，如图 7.6 所示。

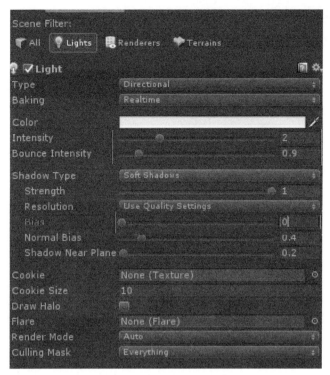

图 7.6

⑥ 为了让物体周围的环境光强度降低。我们选择 Lighting 视图中的 Scene 选项，设置 Sun 为 Directional Light（平行光），并且调整 Environment Lighting 下的 Ambient Intensity 参数设置为 0.7，为了增加实时渲染效率，我们勾选 Precomputed Realtime GI 并设置 CPU Usage 为 Medium。最后点选 Baked GI 并调整 Baked Resolution（烘焙光照图分辨率）数值到 60 增加光影细节。详细参数设置如图 7.7 所示。

图 7.7

⑦ 如果 Continuous Baking 处于选中状态时，我们按照前面所做的参数设置改变场景

光源渲染，编辑器也同时对场景进行预计算和烘焙，并且可以在 Unity 主窗口右下角查看到我们当前的烘焙状态与进度，如图 7.8 所示。

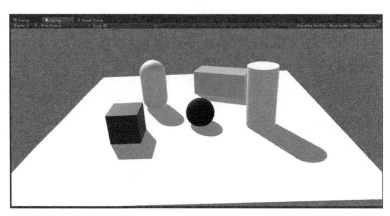

图 7.8

⑧ 待烘焙结束后，在 Scene 视图与 Game 视图中可看到场景光烘焙后的效果。如图 7.9、图 7.10 所示便是烘焙前后效果对比。

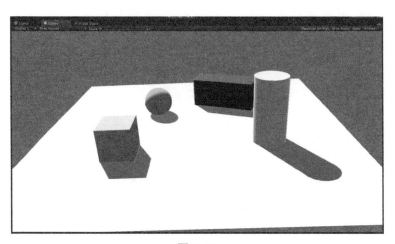

图 7.9

图 7.10

## 7.2 烘焙相关参数设置

### 7.2.1 Object（物体）参数设置

选择 ALL 选项，面板如图 7.11 所示。

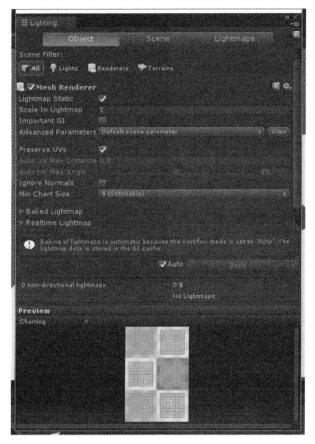

图 7.11

- Lightmap Static：选中表示该物体将参与烘焙。
- Scale In Lightmap：分辨率缩放，可以使不同的物体具有不同的光照精度。比如某些远景物体可以采用较低的分辨率，从而节省一些光照贴图的存储空间，默认值为 1。若值为 0 将导致选中的对象失去 Lightmap 属性（但它仍将影响其他对象的 Lightmap 属性）。
- Preserve UVs：是否保存传入的光照贴图 UV。传入的 UV 是打包好的，但图表没有被扩展或合并，如图 7.12 所示。

图 7.12

- Auto UV Max Distance：Elighten 通过合并 UV 图表自动生成简化的 UV。如果图表的间距小于设置的值，图表会被简化，最小取值为 0。
- Auto UV Max Angle：Elighten 通过合并 UV 图表自动生成简化的 UV。如果图表的斜角小于设置的值，图表会被简化，取值范围为 0~180。

- Improtant GI：选中则表明使其他对象依赖于本对象，被依赖的对象会有较强的发光以确保其他对象被照亮。

- Lightmap Index：渲染时所使用的光照图索引。该值默认为 0，表示渲染时使用烘焙出来的第一张光照图。该属性为 255，表示渲染时不使用光照图。

- Tiling X/Y 和 Offset X/Y：共同决定了一个游戏对象的光照信息在整张光照图中的位置和区域。Preview 选项卡中显示的二维图片选中区域就是 Hierarchy 视图中选中物体的光照贴图。

- RealtimeLightmap：包含实时光照贴图的相关属性。

### 7.2.2 Light（光源）参数设置

Light 视图的参数，如图 7.13 所示。

在场景中，光源是场景最重要的部分之一，Light 视图包含了四种基础光源选项，分别为 Directional（平行光）、Spot（点光）、Point（点光源）、Area（区域光），而在 Light 面板里，我们既可以调整光源的照射方式、色彩、强度，也可以对阴影的控制以及光晕效果的参数进行设置，调整光影对物体的影响，能更好地表达所要展现的场景效果。

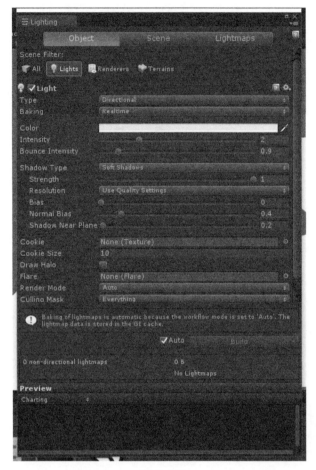

图 7.13

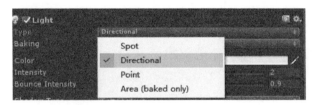

图 7.14

- Type：选中光源的当前类型，如图 7.14 所示。

- Directional：平行光，默认光源，所有新建场景光源都默认为平行光，也是最常用的光源。

- Spot：点光，作为某一处投射的光源，边缘清晰，类似于舞台的聚光灯灯光效果。

- Point：点光源，不同于点光，具有放射性，类似于手电筒的光芒，属于小范围光源。

- Area：区域光，选择该光源只有在烘焙后才会显示效果，无法作用于实时光照，烘焙前不会显示效果。

三种效果依次为 Spot（点光）、Point（点光源）、Area（区域光），如图 7.15 所示。

图 7.15

- Baking：该选项有三种类型可选择，如图 7.16 所示。

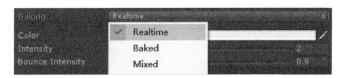

图 7.16

- Realtime：选择该类型，即光源不参与烘焙，只作用于实时光照。
- Baked：选择该类型表示光源只在烘焙时使用。
- Mixed：选择该类型光源会在不同的情况下做不同响应。在烘焙时，该光源会作用于所有参与烘焙的物体；在实际游戏运行中，该光源则会作为实时光源作用于那些或者没有参与过烘焙的物体，而不作用于烘焙过的静态物体。
- Color：光源的颜色。
- Intensity：光线强度。
- Bounce Intensity：光线反射强度。
- Shadow Type：设置光源的阴影是否存在及阴影的类型，其中 Soft Shadows 最为消耗资源。
- Strength：光源阴影的黑暗程度。取值范围为 0~1。
- Resolution：阴影的细节水平，通过下拉菜单选择。细节越高，消耗的资源越多。
- Bias：用于比较灯光空间的像素位置与阴影贴图值的偏移量。当值太小，物体表面就会有来自它自身的阴影。当值太大，光源就会脱离接收器。
- Cookie：这个纹理的 Alpha 通道作为一个掩码，使光线在不同的地方有不同的亮度。如果灯光是聚光灯或方向光，那么这必定是一个 2D 纹理，如果灯光是一个点光源，它必须是一个 Cubemap（立体贴图）。
- Cookie Size：绽放 Cookie 的投影，只适用于方向光。
- Draw Halo：如果选中，则选中光源带有一定半径范围的球形光晕。

- Flare：在选中光源的位置出现镜头光晕。
- Auto：渲染的方法是根据附近灯光的亮度和当前的质量设置在运行时由系统确定，如图 7.17 所示。

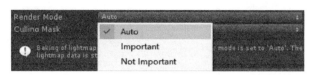

图 7.17

- Important：灯光是逐个像素渲染的。只用在一些非常重要的效果上（比如玩家车的车头大灯上）。
- Not Important：灯光总是以最快的速度渲染。顶点 / 对象光模式。
- Culling Mask：剔除遮蔽图。选中层所关联的游戏对象将受到光源照射的影响。

### 7.2.3　Lighting 视图下 Scene 选项卡

Scene 视图选项参数，如图 7.18 所示。

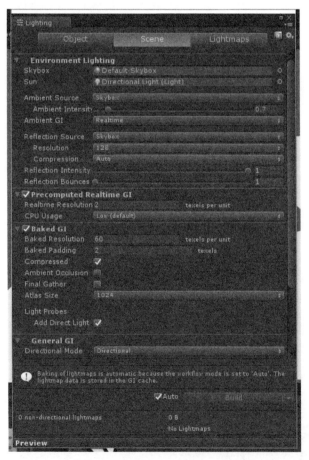

图 7.18

- Skybox：天空盒，围绕整个场景的包装器，模拟天空或者其他遥远背景中显示的图像，此项可选择想在场景中使用的天空盒资源。
- Sun：用户可使用此项指定某一方向光光源（或其他在远处照亮场景的光源）来模拟场景中的"太阳"。如果设置为 None，系统将默认设置场景中最亮的方向光为"太阳"。
- Ambient Source：设置环境光对物体周围环境的影响来源，如图 7.19 所示。

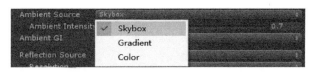

图 7.19

- Skybox：使用天空盒的颜色来确定环境光来自于不同角度。
- Gradient：此项允许环境光从天空、视域和地面选择单独的颜色并将其融合。
- Color：对所有的环境光使用原色。
- Ambient Intensity：环境光强度，取值范围为 0~1。
- Ambient GI：设置处理环境光的 GI 模式（Realtime 或 Baked），如图 7.20 所示。

图 7.20

- Reflection Source：使用天空盒的反射效果（默认）或自定义选择一个立方体贴图。如果选定天空盒作为来源时需额外提供一个选项来设置天空盒贴图的分辨率。
- Reflection intensity：反射源（天空盒或立方体贴图）在反射物体上的可见程度。
- Reflection Bounces：设置不同的游戏对象之间来回反弹的次数，如果设置为 1，则只考虑初始反射。
- Realtime Resolution：实时光照贴图单位长度的纹理像素，此值的设置通常要比烘焙 GI 低 10 倍左右。
- Baked Resolution：烘焙光照贴图单位长度的纹理像素，此值的设置通常比实时 GI 高 10 倍左右。
- Baked Padding：烘焙光照贴图中各形状之间的距离（以 texel 为单位）取值范围为 2~100。
- Ambient Occlusion：环境遮挡表面的相对亮度，较高的值表示遮挡处和完全曝光地区的对比更大。
- Final Gather：当处于选中状态时，在计算发射光时将使用与烘焙贴图一样的分辨率。

虽然选中此项提高了光照贴图的质量，但会消耗更多的烘焙时间。

- Directional Mode：有三个选项，他们的用处都是提高画质。

其中选择 Non-Directional 则是取消平行光源模式，例如有些情况使用 Directional 渲染不出阴影，那么通过此选项便可以调整；Directional 就是常用的平行光，可以保证大部分的场景渲染需求，一般来说默认使用它来进行渲染；Directional Specular 对于静止物体是会比 Directional 可以更好展现烘焙的效果，如图 7.21、图 7.22 所示。

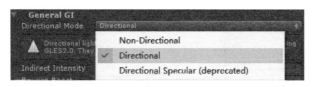

图 7.21

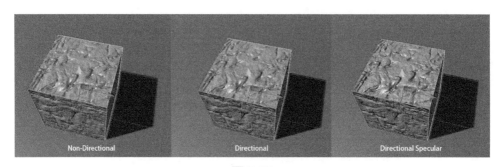

图 7.22

三种选项，Directional 相较于 Non-Directional 显出更多的细节和纹理质感，颜色对比度更有层次。DirectionalSpecular 相较于 Directional，则显示出更丰富的细节和质感。

- Indirect Intensity：在最终的光照贴图中游戏对象件的散射、反射等间接光照强度。取值范围为 0~5。1 为默认的光照强度，值小于 1 则降低强度，大于 1 则增强强度。

- Bounce Boost：增强间接光，可用来增加场景中渲染太快而没有烘焙出灯光的反弹量，取值范围为 1~10。

## 7.2.4　Lightmaps（光照贴图信息）选项卡

Lightmaps 视图，如图 7.23 所示。

Lightmaps 视图的作用是用于光照贴图的调用，因为实时光照对于游戏内部计算消耗太大，光影需要实时变化，不利于游戏的流畅运行与体验，所以这个时候把光影作为一张图呈现就会大大减少游戏资源，同时也会增加流畅度。

但是调用光照贴图会有一个缺点，就是当为当前物体烘焙好一个光照贴图的同时，场景中出现另一个光源照射到当前物体，那么高光和阴影的形态在真实场景里应该是会改变的，而光照贴图只会保留贴图固有的状态，并不会随着新增的光源、事件而发生改变，这也就是光照贴图的缺点所在，所以在游戏中应考虑光照贴图与光源、事件的触发，才能更好地进行应用。

图 7.23

## 7.3 Real time GI

### 7.3.1 全局光照介绍

Unity 在图形仿真和光照特效方面不再局限于烘焙好的光照贴图，而是融入了行业领先的实时光照技术 Enlighten。Enlighten 实时全局光照技术通过 GI 算法（这种算法是基于光传输的物理特性的一种模拟）为实现游戏主机、PC 和移动游戏中的完全动态光照效果提供了一套很好的解决方案，可以通过较少的性能消耗使得场景看上去更真实、丰富以及更具有立体感。

Enlighten 不仅仅提供游戏中的实时 GI，也为用户全系统的光照流程，当用户想要看到场景中更高品质的细节时，它提供了更快的迭代模式，不需要用户的干预，场景会被计算与烘焙的效果替换，而这些预计算和烘焙都是在后台完成的。Unity 编辑器会自动检测场景的改动，并执行所需的步骤来修复光照，大多数情况下，对光照的迭代都是瞬间完成的。

### 7.3.2 GI 绘图的不同模式

通过单机 Scene（场景视图）左上角的下拉菜单，可以看到不同特性的可视化 GI。
（1）Shaded：显示表面及其所有的可见纹理（默认模式）。

（2）UV Charts：显示用于计算 dynamic GI 而对 UV 进行优化的结果，这在预算阶段是自动生成的。在预算阶段 Enlighten 会自动将场景分解为多个子系统，这些系统被用于预算大量的并行管道。

（3）Systens：预先执行阶段将根据距离和设置自动在系统中细分场景，并使用不同的颜色显示系统划分结果。细分场景主要是为了允许系统多线程和在预执行中进行优化。

（4）Albedo：展示用于计算动态 GI 的反照率，选择某物体可以查看该物体可以进行反照的地方及反照颜色。

（5）Emissive：展示用于计算动态 GI 的自发光，选择此视图可以看到场景中自发光的物体。若场景中全部是黑白棋盘网格，则场景没有设置可以自发光的物体。

（6）Irradiance：只显示间接光照（动态光照贴图的内容，即场景中只有存在 Dynamic GI Light 的时候才会发生变化）。

（7）Directionality：显示光谱辐照度定向匹配信息（当前 Alpha 不支持）。

（8）Baked：显示烘焙的光照贴图。此模式下可看到光照图在模型上的分辨率（覆盖棋盘网格以显示光照贴图的分辨率，棋盘网格越密集，说明分辨率越高）。

## 7.4 Lightmap

什么是烘焙？简单地说，就是把物体光照的明暗信息保存到纹理上，实时绘制时不再进行光照计算，而是采用预先生成的 lightmap（光照纹理）来表示明暗效果。那么，这样有什么意义呢？

由于省去了光照计算，可以提高绘制速度，对于一些过度复杂的光照不适合做实时计算，如果预先计算好保存到纹理上，这样无疑可以大大提高模型的光影效果，保存下来的 lightmap 还可以进行二次处理，如做一下模糊，也让阴影边缘更加柔和。

## 7.5 GI 与 Lightmap

GI 的额外性能消耗是可以接受的，即使是很大很复杂的场景跑起来（运行起来）也完全没有问题。不过多数情况下如果场景中不存在光线变化或是动态的自发光材质，还是固定镜头的话，GI 对于游戏来说仍然是没有用处的，所有 GI 能做到的事情用简单的 Lightmap 就能达到同样的效果。现在问题来了，Unity 配合 GI 产生的新的烘焙系统，这个系统要怎么使用呢？

烘焙时一定要弄明白我们想烘焙的是 Realtime GI 所使用的间接光照图和场景树信息还是 Static Lightmap，然后以此决定使用光源的类型是 Realtime/Mixed/ 还是 Baked。说烘焙的方式，在 Lighting 面板中 Precomputed Realtime GI 与 Baked GI 分别对应 Realtime GI 与 Static Lightmap 的烘焙。

## 7.6 光照贴图技术实例

**动手操作：制作场景光照实例**

❶ 选择 Unity 官方的光照实例，名字为 Lighting Optimisation Tutorial，导入工程，导入完成后选择 Lighting Tutorial Start 场景文件，准备为场景中的村庄添加合适的光源，文件在 Project 的 Scenes 文件夹下可以找到，如图 7.24 所示。

图 7.24

❷ 创建一个平行光源并命名为 Environment Light，选择 Hierarchy 视图里中的 Create → Light → Directional Light 选项可以找到并创建，设置灯光的阴影参数为 Soft Shadows，然后将 Normal Bias 也就是游戏对象与阴影的偏移量设置参数为 0。场景中太阳的位置在头顶位置，为了迎合太阳位置制作出初升的光源效果，我们把颜色设置为暗黄色，RGB 数值（251，202，157），光照强度设置为 1.5，如图 7.25 所示。

图 7.25

❸ 下面一步需要添加一个 Light Probes（光照探头）对场景中物体周围的环境光照

做进一步提升。我们需要先创建一个空的对象，选择菜单栏中的 Game Object → Create Empty 命令创建后，并重命名为 Light Probes，如图 7.26 所示。

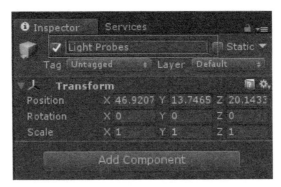

图 7.26

④点选 Light Probes，单击 Inspector 视图中的 Add Component 按钮，在弹出的搜索框中输入 Light，选择添加 Light Probe Group 组件，Light Probe Group 组件里每增加的一个点相当于是一个光源点，通过增加更多光源点探头，在场景中可以让某一处现有光源更好的分布，这一点在光照射在物体上渲染渲染后尤为明显。然后将场景中产生的 8 个 Light Probe 分布在石板路周围，如图 7.27 所示。

图 7.27

⑤进入烘焙的操作阶段，首先打开 Lighting 视图，取消勾选 Continuous Baking 选项，这里如果我们选中 Continuous Baking 选项，编辑器便会随着数据而变动场景变化，这种做法不适宜我们现在调整参数过程中的操作，所以取消勾选。接着单击视图右下角的 Build 按钮烘焙，如图 7.28 所示。

图 7.28

⑥ 接下来需要对场景进行采样，布置场景中的采样点，先点选 Light Probes 中的某一个 Light Probes（采样点），在 Inspector 视图中点击 Light Probe Groub 项中的 Duplicated Selected 按钮，它的作用是复制一个采样点，用这种方法重复复制多个采样点，然后我们对新的采样点进行移动，放置在场景中高光，阴影，还有明暗交接三个位置，直到场景中上述位置都摆放好采样点，如图 7.29 所示。

图 7.29

⑦ 这一步将对 Sun 与场景光源的关系进行设置，同时为了降低实时光照贴图的分辨率以减少实时 GI 消耗的时间。首先找到 Lighting 视图中的 Scene 选项，设置 Sun 为场景中的 Environment Light（环境光源），如果我们不进行设置系统将自动采集最强光源，而不是我们设定的某个光源。然后降低 GI 消耗需要选择 CPU 的利用率，从 Low（default）更改为 Unlimited，如图 7.30 所示。

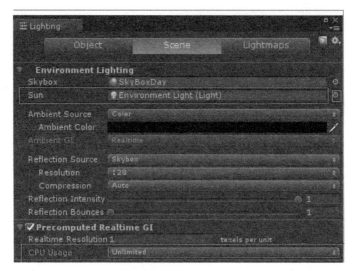

图 7.30

⑧关于烘焙贴图，实时光照的运用上，数值一般会设置为 10 的倍数，但如果我们不需要呈现很高的烘焙精度，就可以设置烘焙贴图的分辨率为 10，然后为了扩大阴影与高光的对比，勾选 Compressed 选项，将 Ambiet Occlusion 的 Max Distance 值设置为 1，如图 7.31 所示。

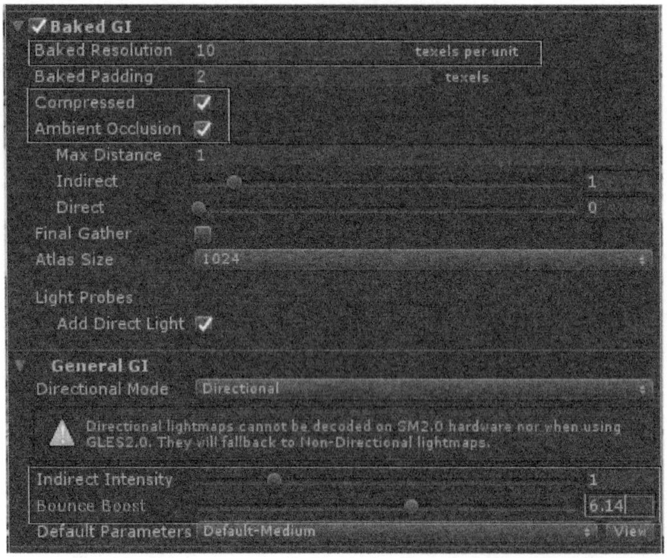

图 7.31

⑨给场景中添加雾效果，同时改变雾在场景中的薄厚，选中 Fog 选项。调整 Fog Color（雾的颜色）为灰蓝色（RGB 102，108，113），然后调整 Fog Color 的透明度为 154。设置好参数后，单击 Build 按钮烘焙，如图 7.32 所示。

图 7.32

**10** 为了加强环境光源，在太阳位置进一步添加光源，选中 Hierarchy 视图中的 Environment Light（环境光源），创建环境光的子物体并重命名为 Lens Flare，在菜单栏中的 Game Object → Create Empty Child 命令可以找到。选中 Lens Flare，单击 Inspector 视图的 Add Component 按钮，在搜索框中输入 Lens 后选择 Lens Flare 组件。将其参数调整为 Fade Speed 为 100，这里如果 Fade Speed 的参数越小，Flare 变亮的时间越长，设置为 0 时，不会看到 Flare。然后把 Lens Flare 放置在到天空盒中太阳应出现的大体位置上，具体信息如图 7.33 所示。

图 7.33

**11** 选中 Hierarchy 视图中的环境光源，然后对 Inspector 视图中 Rotation 项的 X 值进行调整，让太阳的位置有改变，完成操作后，在 Game 视图就可以看到"太阳"的升起与落下以及地面游戏对象的光影变化，如图 7.34 所示。

图 7.34

**12** 按照上述步骤设置完成后,当前场景的光照设置全部完成,来看一下光源设置前后的效果,如图 7.35 所示。

图 7.35

# 第8章

## C#编程基础

## 8.1　HelloWorld！

一提到"Hello world！"这一句，对程序员来说都是不陌生的。Unity里面的游戏交互必须以程序设计完成，否则游戏场景再精致美观，也无法成为比较好的游戏。因此，了解程序的架构基础是学习Unity必不可少的一项。编程语言是像英语、汉语和日语一样的语言，学会编程语言的捷径就是多读、多写、多测试。

Unity使用的脚本语言有3种，分别是C#、JavaScript和Boo，其中最常用的就是C#和JavaScript。JavaScript与C#相比，语法比较简单，更容易上手。虽然C#的语法有点复杂，但是以前制作游戏程序的人员使用C#较多。因此，本书的示例首选使用C#语言来编写脚本。

**动手操作：我的第一个C#程序**

① 在Project项目视图中单击鼠标右键，在弹出的菜单中选择Create（创建）→C# Script（C#脚本）命令，如图8.1所示。

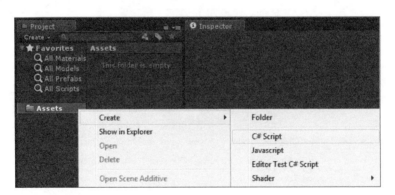

图8.1

② 将新建的C#脚本文件重命名为Test，如图8.2所示。

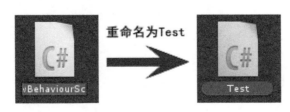

图8.2

③ 双击Test脚本文件，自动启动Mono Developer编辑器，里面出现自动生成的脚本，如图8.3所示。

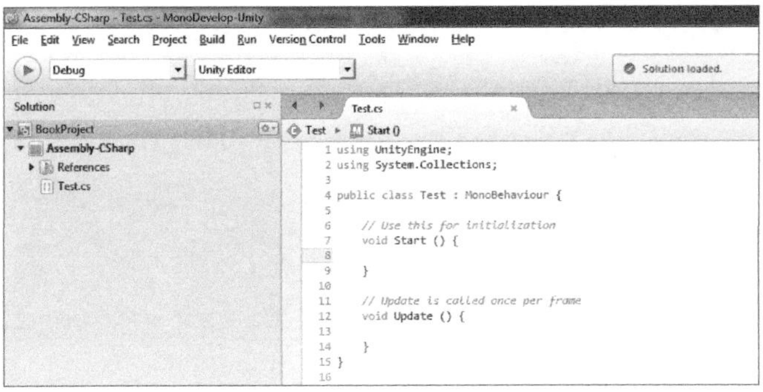

第 8 章 C#编程基础　143

图 8.3

4 按下面的脚本输入，然后保存，如图 8.4 所示。

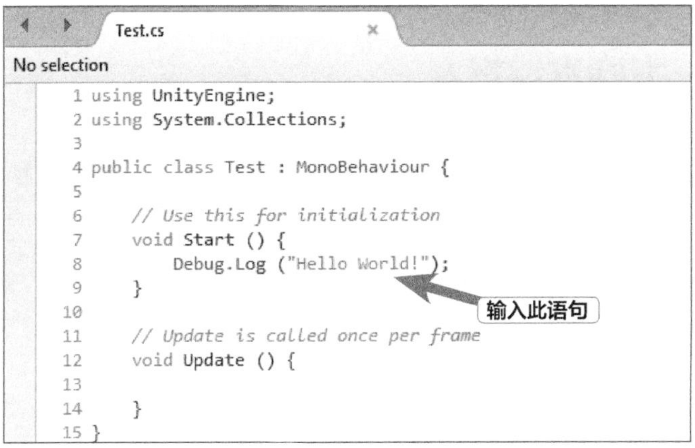

图 8.4

5 回到 Unity Editor 编辑器，将做好的脚本文件 Test 拖入到 Hierarchy 层级视图的 Main Camera，这样 Inspector 检视视图出现 Test 属性，如图 8.5 所示。

图 8.5

6 单击▶按钮运行，这样控制台面板中出现 Hello World！这句话，如图 8.6 所示。

图 8.6

这是为脚本编程迈出的第一步,这仅仅是比较简单的一句,但是后面还有不少的语法等着我们去学习。

## 8.2　Unity 第三方脚本编辑器

Unity 提供了内置的集成开发环境——Mono Develop,如图 8.7 所示,好处是这个开源 IDE 可以在 Linux、Windows 和 Mac OS 三种操作系统运行,也支持 C#。除了 Mono Develop 之外,Unity 也支持 Visual Studio 开发工具。

图 8.7

图 8.8

Visual Studio 是 Microsoft 公司的集成开发环境(IDE),如图 8.8 所示,可以用各种 .NET 编程语言创建、运行和调试程序。Unity 借助 Visual Studio Tools for Unity 插件包,可以使用 Visual Studio 在 C# 中编写游戏和编辑器脚本,随后使用其功能强大的调试器查找和修复错误,还提供 Unity 项目文件、控制台消息以及在 Visual Studio 中启动游戏的功能,从而使你可以在编写代码时花费更少的时间与 Unity 编辑器进行切换。

注意:从 Unity 5.2 开始,不再需要将 Visual Studio Tools for Unity 导入到你的项目,因为 Unity 5.2 增加了对 Visual Studio Tools for Unity 2.1 的内置支持,从而简化了项目设置。Unity 5.2 以前的版本,请上官方网站下载插件包。

**动手操作:更改脚本编辑器**

在编写 Unity 脚本时,根据自己的喜好来选择不同的开发环境,方法如下。

① 选择菜单 Edit（编辑）→ Preferences（首选项）命令，打开 Unity Preferences（Unity 首选项）对话框，如图 8.9 所示。

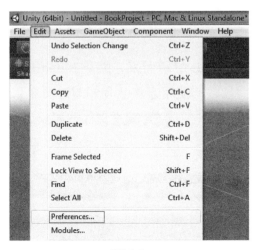

图 8.9

② 在 Unity Preferences（Unity 首选项）对话框中选择 External Tools（外部工具）选项，如图 8.10 所示。

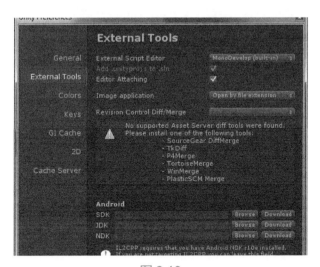

图 8.10

③ 在 External Script Editor（外部脚本编辑器）选项中选择自己喜好的开发环境，如图 8.11 所示。

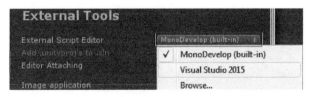

图 8.11

## 8.3 MonoBehaviour 类

### 8.3.1 必然事件

必然事件是从 MonoBehaviour 继承而来，就是 MonoBehavior 的生命周期，这里将学习生命周期所提供的事件函数的使用方法。我们通过图 8.12 来了解 Unity 常用函数的执行的优先序。在 8.1 节中，打开新建 C# 脚本文件的时候，会发现 Unity 已经自动地编写了若干个代码。

图 8.12

#### 1. Awake 函数

Awake（）函数是加载场景时运行，就是说在游戏开始之前初始化变量或游戏状态。例如：

```
private GameObject person;
void Awake()
{
    person = GameObject.Find("Teacher");
}
```

#### 2. Start 函数

Start（）函数是在第一次启动时执行，用于游戏对象的初始化，在 Awake（）函数之后。例如：

```
float price;
voidStart()
{
    price = 5.00f;
}
```

#### 3. Update 函数

Update（）是在运行时每一帧必执行的函数，用于更新游戏场景和状态。例如：

```
Void Update()
{
    transform.Rotate(0, 0, 1);
}
```

将保存后的脚本附到 Cube 物体，运行的时候，发现 Cube 一直不停地旋转。
从以上例子看出，在这个函数中放置的代码都会在每帧调用。

### 4. FixedUpdate 函数

FixedUpdate（）与 Update（）函数相似，但是每个固定物理时间间隔调用一次，用于物理状态的更新。

### 5. LateUpdate 函数

LateUpdate（）是在 Update（）函数执行后再次被执行。
例：

```
VoidLate Update()
{
    transform.Translate(0, 0, Time.deltaTime);
}
```

Awake（）和 Start（）的区别
我们先写下面的脚本，例如：

```
void Awake()
{
    Debug.Log("Awake");
}
void Start()
{
    Debug.Log("Start");
}
```

执行结果如图 8.13 所示。

图 8.13

从结果上来看，Awake（）比 Start（）执行早，下面我们先把 Test 去勾并运行，如图 8.14 所示。

图 8.14

执行结果如图 8.15 所示。

图 8.15

从结果上来看,无论打勾还是去勾,总要执行 Awake()函数。

## 8.3.2 Collision 事件

(1) OnCollisionEnter 函数:当碰撞体或者刚体与其他碰撞体或者刚体开始接触时调用,如图 8.16 所示。

(2) OnCollisionStay 函数:当碰撞体或者刚体与其他碰撞体或者刚体保持接触时调用,如图 8.16 所示。

(3) OnCollisionExit 函数:当碰撞体或者刚体与其他碰撞体或者刚体停止接触时调用,如图 8.16 所示。

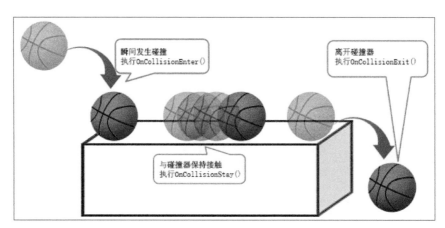

图 8.16

下面给出了一个简单的示例:

```
void OnCollisionEnter(Collision collision)
{
      collision.GetComponent<Renderer>().material.color = Color.red;
}

void OnCollisionStay(Collision collision)
```

```
{
    collision.GetComponent<Renderer>().material.color = Color.blue;
}
```

运行的时候，Unity-chan 开始向下移动，接触到碰撞器瞬间就立即执行 OnCollisionEnter 函数，使碰撞器由黑色变成红色，然后继续停留在碰撞器上面，执行 OnCollisionStay 函数，使碰撞器由红色变成蓝色，如图 8.17 所示。读者可以试试练习 OnCollisionExit 函数。

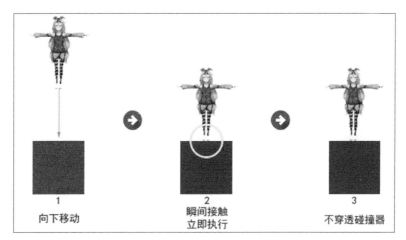

图 8.17

## 8.3.3 Trigger 事件

（1）OnTriggerEnter 函数：当其他碰撞体进入触发器时调用，如图 8.18 所示。
（2）OnTriggerStay 函数：当其他碰撞体停留触发器时调用，如图 8.18 所示。
（3）OnTriggerExit 函数：当其他碰撞体离开触发器时调用，如图 8.18 所示。

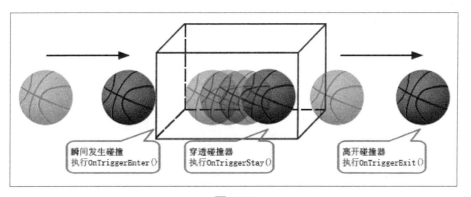

图 8.18

下面给出了一个简单的示例：

```
void OnTriggerEnter(Collider other)
```

```
{
    other.GetComponent<Renderer>().material.color = Color.red;
}

void OnTriggerStay(Collider other)
{
    other.GetComponent<Renderer>().material.color = Color.blue;
}
```

运行的时候，Unity-chan开始向下移动，接触到碰撞器瞬间就立即执行OnTriggerEnter函数，使碰撞器由黑色变成红色，然后继续向下移动并穿过碰撞器，执行OnTriggerStay函数，使碰撞器由红色变成蓝色，如图8.19所示。读者可以试试练习OnTriggerExit函数。

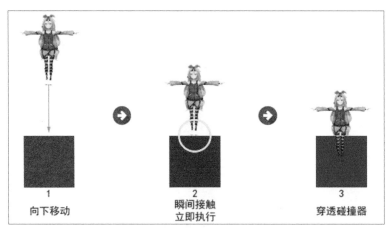

图 8.19

注意：Trigger事件和Collision事件的区别。

使用Trigger事件的时候，必须具备如下条件。

碰撞双方都要有碰撞，至少有一个有刚体组件，双方碰撞器至少有一个开启Is Trigger，如图8.20所示。只要开启，就触发Trigger事件，而不会触发Collision事件，但是会穿透另一个碰撞器。

图 8.20

若不开启Is Trigger，只触发Collision事件，而不会相互穿透。

## 8.4 GameObject 类

### 8.4.1 Instantiate 实例化

Instantiate（）是 Unity 提供克隆游戏对象的方法，在游戏中应用比较广泛，而且提高了工作效率，一般常用于发射炮弹、AI 敌人等一些完全相同并且数量庞大的游戏对象。

格式：

① Instantiate（GameObject）；

② Instantiate（GameObject，position，rotation）；

说明：

（1）GameObject 指生成克隆的游戏对象，也可以是 Prefab 预制体。

（2）position 指生成克隆的游戏对象的初始位置，类型是 Vector3。

（3）rotation 指生成克隆的游戏对象的初始角度，类型是 Quaternion。

下面给出了一个简单的示例：

```
public GameObject Sphere;        // 将含有 Rigidbody 组件的球赋值

void Update()
{
    if (Input.GetButtonDown("Fire1"))
    {
        Instantiate(Sphere, new Vector3(0, 0, 0), Quaternion.identity);
    }
}
```

运行的时候，连续单击鼠标产生了许多的小球，由于 Rigidbody 的影响，从中心点向下落，如图 8.21 所示。

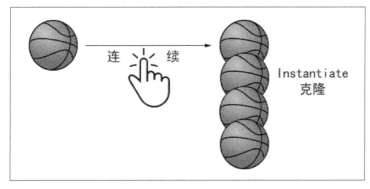

图 8.21

### 8.4.2 Destory 销毁

Destory（）是主要用于销毁游戏对象以及组件，但不会再引用那个被销毁的对象。

格式：

① Destroy（GameObject）；

② Destroy（GameObject，time）；

说明：

（1）GameObject 是销毁的游戏对象，也可以是 Prefab 预制体。

（2）time 是销毁游戏对象的指定时间。

下面给出了一个简单的示例：

```
void OnCollisionEnter(Collision collision)
{
        Destroy(collision.gameObject, 5);
}
```

运行的时候，小球落下的时候遇到碰撞器，5 秒后就被销毁了，如图 8.22 所示。

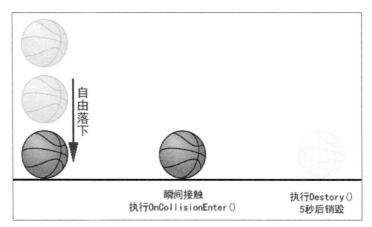

图 8.22

### 8.4.3 GetComponent 获取组件

GetComponent 是访问游戏对象的组件的方法，由于 Unity 5 采用模块化思想对底层进行了重写，能够减少用户负担，原来 Unity 4.X 定义的一些便利属性访问器被取消，所以我们调用 GetComponent 来访问游戏对象和组件并调整参数，而且在制作过程中使用比较多。

格式：

GameObject.GetComponent<type>（）

说明：

（1）GameObject 是定义 GameObject 游戏对象的变量名。

（2）type 是组件名称，类型是 string。

下面给出了几个简单的示例，如图 8.23 所示。

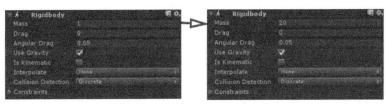

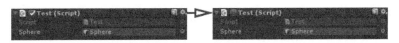

图 8.23

第一个例子表示 Rigidbody 组件的 mass 赋值为 20；

第二个例子表示给 BoxCollider 组件的 Is Trigger 为 true；

第三个例子表示禁用 Test 组件。

### 8.4.4 SetActive 显示 / 隐藏游戏对象

在 Unity 中，要激活游戏对象的方法就是使用 SetActive（），就是说通过此方法让游戏对象显示或者隐藏。

格式：

GameObject.SetActive（value）;

说明：

（1）GameObject 是定义 GameObject 游戏对象的变量名。

（2）value 是让物体是否显示或隐藏，类型是 bool。

下面给出了一个简单的示例，如图 8.24 所示。

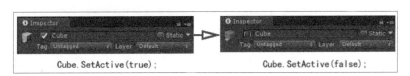

图 8.24

我们可以运用 activeSelf 来判断游戏对象是否显示或者隐藏，脚本如下：

```
if (Cube.activeSelf == false)
{
        Cube.SetActive(true);
}
else
{
        Cube.SetActive(false);
}
```

判断游戏对象是隐藏的，就让它显示，反之则不显示。

## 8.5　Transform 类

场景里的每个对象都含有 Transform，用来存储并控制物体的位置、旋转和缩放。下面列出了 Transform 组件的成员变量，如图 8.25、图 8.26 和图 8.27 所示。

（1）transform.position：指定物体在世界坐标下的位置。

例：transform.position=new Vector3（1，0，0）；

（2）transform.Translate：指物体相对位移的单位。

例：transform.Translate（1，0，0）；

（3）transform.Rotate：指物体旋转。

例：transform.Rotate（0，90，0）；

（4）transform.eulerAngles：指物体的角度。

例：transform.eulerAngles=new Vector3（0，90，0）；

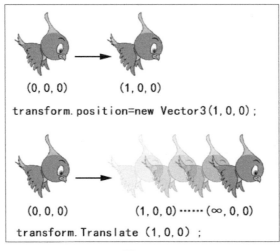

图 8.25

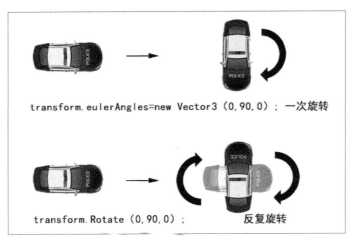

图 8.26

（5）transform.localScale：指物体的缩放，注意的是缩放各个轴不能为 0，否则会消失。

例：transform.localScale= new Vector3（2，1，1）;

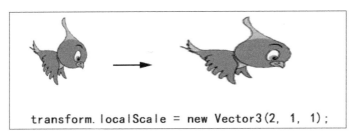

图 8.27

### 动手操作：控制物体移动和旋转

**1** 新建 C# 脚本文件 Control，脚本如下：

```
using UnityEngine;
using System.Collections;

public class Control : MonoBehaviour
{
    void Update()
    {
        if (Input.GetKey(KeyCode.W))
        {
            transform.Translate(0, 0, 0.4f * Time.deltaTime);
        }

            if (Input.GetKey(KeyCode.S))
            {
                transform.Translate(0, 0, -0.4f * Time.deltaTime);
```

```
            }
        if (Input.GetKey(KeyCode.A))
    {
    transform.Rotate(0, -30 * Time.deltaTime, 0);
    }

    if (Input.GetKey(KeyCode.D))
    {
    transform.Rotate(0, 30 * Time.deltaTime, 0);
    }
        }
}
```

**2** 将脚本文件拖到 Cube 立方体对象并运行游戏,按下键盘 A、S、W、D 按钮就能控制立方体的移动和旋转。

## 8.6 Rigidbody 类

Rigidbody 组件可使游戏对象在物理系统的控制下来运动。更加灵活的方式是利用 Rigidbody 类来模拟游戏对象在现实世界中的物理特性,比如重力、速度等。特别注意的是,通常在 OnFixedUpdate ( ) 函数中来执行 Rigidbody 类,因为物理仿真一般都在固定的时间间隔内来进行计算。

下面我们来了解 Unity 提供的 Rigidbody 类的方法。

### 1. AddForce

此方法被调用时,会施加给刚体一个瞬时力。在力的作用下,会产生一个加速度进行运动。

例如:rigidbody.AddForce(1, 0, 0),如图 8.28 所示。

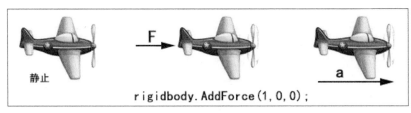

图 8.28

### 2. AddTorque

此方法被调用时,会给刚体添加一个扭矩。

例如：rigidbody.AddTorque（1，0，0），如图 8.29 所示。

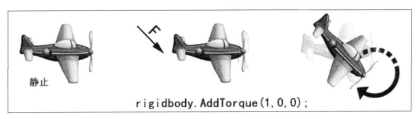

图 8.29

### 3. Sleep

此方法可使刚体进入休眠状态，且至少休眠一帧，一般在 Awake（ ）函数里面。

例如：rigidbody.Sleep（ ），如图 8.30 所示。

### 4. WakeUp

此方法使刚体从休眠状态唤醒。

例如：rigidbody.WakeUp（ ），如图 8.30 所示。

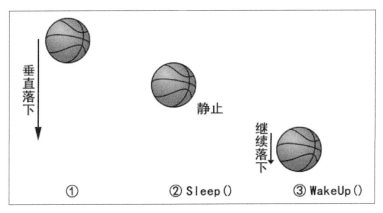

图 8.30

## 8.7　Time 类

Time 类是在 Unity 中获取时间信息的接口类，可以用来计算时间的消耗，只有静态属性。Time 类的常用成员变量如表 8.1 所示。

表 8.1　Time 类的常用成员变量

| 变量名 | 说　明 |
| --- | --- |
| time | 游戏从开始到现在所经历的时间（单位：秒） |
| deltaTime | 从上一帧到当前帧消耗的时间 |

续表

| 变量名 | 说 明 |
|---|---|
| fixedTime | 最近 FixedUpdate 的时间，从游戏开始计算 |
| fixedDeltaTime | 物理引擎和 FixedUpdate 的更新时间间隔 |
| timeSinceLevelLoad | 从当前 Scene 开始到目前为止的时间 |
| realtimeSinceStartup | 从游戏启动到现在已经运行的时间 |
| frameCount | 已渲染的帧的总数 |

为了更好地理解，下面我们通过脚本来演示 Time 类一些属性的使用，脚本如下：

```
using UnityEngine;

public class Main : MonoBehaviour
{
    void Update()
    {
        Debug.Log("当前游戏已经运行的时间：" + Time.time);
        Debug.Log("上一帧消耗的时间：" + Time.deltaTime);
        Debug.Log("固定增量时间：" + Time.fixedTime);
        Debug.Log("上一帧消耗的固定增量时间：" + Time.fixedDeltaTime);
        Debug.Log("程序已运行的时间：" + Time.realtimeSinceStartup);
        Debug.Log("总帧数：" + Time.frameCount);
    }
}
```

运行结果如图 8.31 所示。

图 8.31

**动手操作：每隔 5 秒前进 2 米**

❶ 新建 C# 脚本文件 TimeTest，脚本如下：

```
using UnityEngine;
```

```
using System.Collections;

public class TimeTest : MonoBehaviour
{
    float durtime = 5.0f;

    void Update()
    {
        durtime -= Time.deltaTime;
        if (durtime < 0)
        {
            transform.Translate(0, 0, 5);
            durtime = 5.0f;
        }
    }
}
```

② 将脚本文件拖到 Cube 立方体对象后并运行游戏，你就看到立方体每隔 5 秒前进一次，如图 8.32 所示。

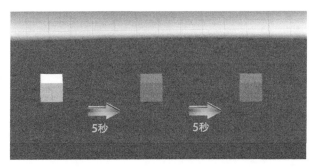

图 8.32

## 8.8 Random 类和 Mathf 类

### 8.8.1 Mathf 类

Mathf 是 Unity 提供的所有数学计算时需要用到的函数，常用的变量和方法如表 8.2 所示。

表 8.2 Mathf 常用的变量和方法

| 变量名 | 说 明 | 例 子 | 结 果 |
| --- | --- | --- | --- |
| PI | 圆周率 π | Mathf.PI; | 3.141593 |
| Deg2Rad | 角度到弧度的转换系数 | Mathf.Deg2Rad; | 0.01745329 |
| Rad2Deg | 弧度到角度的转换系数 | Mathf.Rad2Deg; | 57.29578 |

续表

| 方法名 | 说 明 | 例 子 | 结 果 |
|---|---|---|---|
| Abs | 计算绝对值 | Mathf.Abs（-10.5f）; | 10.5 |
| Sqrt | 计算平方根值 | Mathf.Sqrt（1.44f）; | 1.2 |
| Min | 返回最小值 | Mathf.Min（12, 3）; | 3 |
| Max | 返回最大值 | Mathf.Max（5, 8）; | 8 |
| Pow（f, p） | 返回 f 的 p 次方 | Mathf.Pow（3, 4）; | 81 |
| Log | 计算对数 | Mathf.Log（16, 2）; | 4 |
| Round | 四舍五入到整数 | Mathf.Round（6.53f）; | 7 |
| Clamp | 将数值限制在 min 和 max 之间 | Mathf.Clamp（10, 1, 3）; | 3 |
| Sin | 计算角度的正弦值 | Mathf.Sin（2）; | 0.9092974 |
| Cos | 计算角度的余弦值 | Mathf.Cos（2）; | -0.4161468 |
| Tan | 计算角度的正切值 | Mathf.Tan（2）; | -2.18504 |

注：完整的方法列表请参考官方文档的脚本参考。

**动手操作：小球来回摆动**

① 新建 C# 脚本文件 SwingTest，脚本如下：

```
using UnityEngine;

public class SwingTest : MonoBehaviour
{
    void FixedUpdate()
    {
        transform.Translate(Mathf.Sin(Time.fixedTime) * 0.5f, 0, 0);
    }
}
```

② 创建 Sphere 游戏对象，将脚本文件拖到 Sphere 并运行游戏，就看到小球不断摆动，如图 8.33 所示。

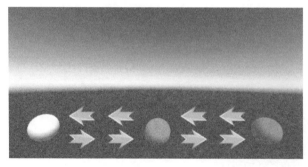

图 8.33

## 8.8.2 Random 类

Random 类是用于产生随机数。

Random 类的常用成员变量和成员函数如表 8.3 所示。

**表 8.3 Random 类的常用成员变量和成员函数**

| 变量名 | 说明 |
| --- | --- |
| seed | 随机数生成器的种子 |
| value | 返回一个 0~1 之间的随机浮点数 |
| rotation | 返回一个随机旋转 |
| 函数名 | 说明 |
| Range（min, max） | 返回 min 和 max 之间的一个数 |

**动手操作：随机改变颜色**

❶ 新建 C# 脚本文件 RandomTest，脚本如下：

```
using UnityEngine;

public class RandomTest : MonoBehaviour
{
    void Update()
    {
        GetComponent<MeshRenderer>().material.color = new Color(Random.Range(0.0f, 1.0f), Random.Range(0.0f, 1.0f), Random.Range(0.0f, 1.0f), 1);
    }
}
```

❷ 创建 Sphere 游戏对象，将脚本文件拖到 Sphere 并运行游戏，看到小球不断改变不同的颜色。

## 8.9 Coroutine 协同

每一个 Unity 脚本自带了两个重要的函数：Start 和 Update。当创建对象之后启用前者时，在每个帧期间都会调用该对象。按照现有设计，在当前一帧的 Update 没有完成前，下一帧不能开始运算。这由此为程序设计带来了巨大的硬伤，因为 Update 不能被用来实现长达好几帧的事件。为了实现这个，每一个自定义行为都运用 Start 和 Update 两个函数来实现。但是，在多个帧发生的事件（例如动画等）很难编写，因为逻辑不能写在一个流程中。

如果你是程序员的话，应该会了解"线程"的概念。线程是并发执行的代码段，但是使用线程是非常棘手的，因为当多个线程正在处理共享变量而没有任何限制时，有可能会出现问题。因此，Unity 不鼓励使用线程，但提供了一个很好的妥协：协同程序。

在 Unity 中，Coroutine 是返回 IEnumerator 的 C# 函数，必须使用 StartCoroutine 方法。使用 MonoBehaviour.StartCoroutine 方法即可开启一个协同程序，也就是说该方法必须在 MonoBehaviour 或继承于 MonoBehaviour 的类中调用。

例如：

```
void Start()
{
    StartCoroutine(Test());
}

IEnumerator Test()
{
    yield return new WaitForSeconds(5f);
}
```

下面的图 8.34 所示说明了协同程序的执行方法：

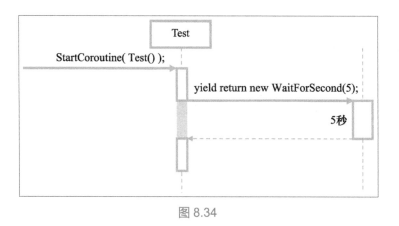

图 8.34

### 动手操作：协同程序

**1** 新建 C# 脚本文件 CoroutineTest，脚本如下：

```
using UnityEngine;
using System.Collections;

public class CoroutineTest : MonoBehaviour {
```

```
void OnMouseDown()
{
    StartCoroutine(ChangeColorCoroutine());
}

IEnumerator ChangeColorCoroutine()
{
    GetComponent<Renderer>().material.color = Color.red;

    yield return new WaitForSeconds(0.5f);

    GetComponent<Renderer>().material.color = Color.green;
}
```

❷创建 Sphere 游戏对象，将脚本文件拖到 Sphere 并运行游戏，单击小球变红色，等待 0.5 秒后恢复白色，如图 8.35 所示。

图 8.35

特别注意的是在 C# 中，协同函数的返回类型必须是 IEnumerator，yield 要用 yield return 来替代，并且启动协同程序用 StartCoroutine 函数，下面是 Unity 里和协同程序有关的函数，如表 8.4 所示。

表 8.4  协同程序相关的函数

| | |
|---|---|
| StartCoroutine | 启动一个协同程序 |
| StopCoroutine | 终止一个协同程序 |
| StopAllCoroutines | 终止所有协同程序 |
| WaitForSeconds | 等待若干秒 |
| WaitForFixedUpdate | 等待直到下一次 FixedUpdate 调用 |

## 8.10　游戏实例：扔骰子

骰子是一款相当好玩的休闲娱乐游戏，是许多娱乐必不可少的工具之一。随着移动互联网技术的不断发展,也出现了不少关于骰子的应用软件,让玩家爱不释手。下面我们利用 Unity 游戏引擎来制作简单的游戏——扔骰子。

① 新建 Unity 工程项目,将下载目录的 Unity 第八章文件夹里面的 Dice 文件夹复制到工程文件夹下,如图 8.36 所示。

图 8.36

② 在 Project 项目视图创建 Physics Material(物理材质),重命名为 Disc 并设置参数,如图 8.37 所示。

图 8.37

③ 将 Dice 模型拖入场景,并添加 Rigidbody(重力)和 Box Collider(盒子碰撞体),然后将创建好的物理材质拖入到 Box Collider 里的 Material,如图 8.38 所示。

图 8.38

④ 调整 Rigidbody 参数,如图 8.39 所示。

图 8.39

⑤ 在场景里添加 3D Text（3D 文字）和 Empty GameObject（空对象），分别命名为 DiceNum 和 OriginalDice，并调整 Position 位置，如表 8.5 所示。

表 8.5

| 游戏对象 | X | Y | Z |
| --- | --- | --- | --- |
| DiceNum | 28 | 20 | 18 |
| OriginalDice | 0 | 10 | 0 |
| Main Camera | 0 | 5 | −10 |

⑥ 新建 C# 脚本文件，重命名为 Dice，脚本如下：

```
using UnityEngine;
public class Dice : MonoBehaviour
{
        public int diceCount;
        public static Dice Instance;

        internal Vector3 initPos;
        void Start ()
        {
                GetComponent<Rigidbody>().solverIterationCount = 250;
                Instance = this;
                initPos = transform.position;
        }

    void OnEnable()
    {
        initPos = transform.position;
    }

        public int GetDiceCount ()
        {
                diceCount = 0;
                regularDiceCount ();
                return diceCount;
        }
        // 骰子数字的位置
        void regularDiceCount ()
        {
            if (Vector3.Dot (transform.forward, Vector3.up) > 0.6f)
                    diceCount = 5;
            if (Vector3.Dot (-transform.forward, Vector3.up) > 0.6f)
                    diceCount = 2;
            if (Vector3.Dot (transform.up, Vector3.up) > 0.6f)
```

```
                    diceCount = 3;
        if (Vector3.Dot (-transform.up, Vector3.up) > 0.6f)
                    diceCount = 4;
        if (Vector3.Dot (transform.right, Vector3.up) > 0.6f)
                    diceCount = 6;
        if (Vector3.Dot (-transform.right, Vector3.up) > 0.6f)
                    diceCount = 1;
    }
}
```

⑦ 将 Dice 脚本文件拖入到 Dice 模型，然后将 Dice 模型拖入到 Project 视图，自动生成 Dice 预制体，并把场景里的 Dice 模型删除，如图 8.40 所示。

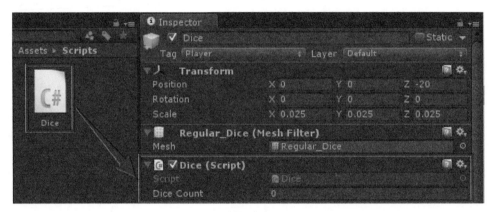

图 8.40

⑧ 新建 C# 脚本文件，重命名为 DiceSwipeControl，脚本如下：

```
using UnityEngine;

public class DiceSwipeControl : MonoBehaviour
{

    public GameObject originalDice;
    public Camera dicePlayCam;
    public GameObject HaveDice;
    public GameObject DiceNum;

    private GameObject diceClone;
    private Vector3 initPos;
    private float initXpose;

    void Start()
    {
    }
```

```csharp
void Update()
{
    if (Input.GetMouseButtonDown(0))
    {
        // 判断场景里有没有上一次掷过的骰子，如果有就销毁
        HaveDice = GameObject.Find("Dice(Clone)");
        if(HaveDice ! = null)
        {
            Destroy(HaveDice);
        }
        // 从鼠标和摄像头位置来计算掷骰子的起点
        initPos = Input.mousePosition;
        initXpose = dicePlayCam.ScreenToViewportPoint(Input.mousePosition).x;
        diceClone = Instantiate(originalDice, dicePlayCam.transform.position, Quaternion.Euler(Random.Range(0, 180), Random.Range(0, 180), Random.Range(0, 180))) as GameObject;
    }
    Vector3 currentPos = Input.mousePosition;
    currentPos.z = 25f;
    Vector3 newPos = dicePlayCam.ScreenToWorldPoint(new Vector3(currentPos.x, currentPos.y, Mathf.Clamp(currentPos.y / 10, 5, 70)));
    newPos = dicePlayCam.ScreenToWorldPoint(currentPos);
    if (Input.GetMouseButtonUp(0))
    {
        initPos = dicePlayCam.ScreenToWorldPoint(initPos);
        addForce(newPos);
        Dice.Instance.GetDiceCount();
    }
}
// 给骰子施加一个力，然后掷出去
void addForce(Vector3 lastPos)
{
    diceClone.GetComponent<Rigidbody>().AddTorque(Vector3.Cross(lastPos, initPos) * 1000, ForceMode.Impulse);
    lastPos.y += 12;
    diceClone.GetComponent<Rigidbody>().AddForce(((lastPos - initPos).normalized) * (Vector3.Distance(lastPos, initPos)) * 30 * diceClone.GetComponent<Rigidbody>().mass);
}
// 当骰子碰触到地面，来获取骰子的数字
publicvoid OnCollisionEnter(Collision collision)
{
    if (collision.gameObject.tag == "Player")
    {
        DiceNum.GetComponent<TextMesh>().text =
```

```
Dice.Instance.GetDiceCount().ToString();
        }
    }
}
```

**⑨** 在场景里添加 Plane（平面）游戏对象，尺寸大小都为 100，将 DiceSwipeControl 脚本文件拖入到 Plane 里，并调整参数，如图 8.41 所示。

图 8.41

**⑩** 运行游戏，单击鼠标左键，骰子直接投出去，如图 8.42 所示。

图 8.42

# 第 9 章

## Unity 5 图形用户界面——UGUI

## 9.1　UGUI 图形用户界面系统

自 Unity 4.6 推出了一个新的图形用户界面系统—UGUI 后，用户即可快速直观地创建图形用户界面。UGUI 提供了强大的可视化编辑器，提高了 GUI 开发的效率。

最重要的是，在 UI 系统中，所有图片的 Texture Type 必须是 Sprite。

**动手操作：将图片设置为 Sprite**

❶在 Project 视图中单击任意图片，如图 9.1 所示。

图 9.1

❷在 Inspector 视图中，将 Texture Type 设置为 Sprite（2D and UI），如图 9.2 所示。

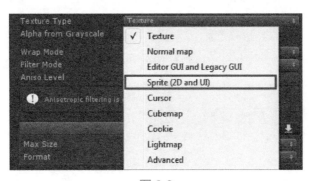

图 9.2

❸单击 Apply 按钮，这样图片就可以设置为 Sprite 了。

## 9.2　UGUI 控件系统介绍

### 9.2.1　Canvas 画布

Canvas 画布是承载所有 UI 元素的区域，就是说每一个 GUI 控件必须是画布的子对象。

当创建一个 GUI 控件时，如果当前不存在 Canvas 画布系统，将会自动创建一个 Canvas 画布。

Canvas 画布系统的 Render Mode（渲染模式）有三种模式，分别是 Screen Space - Overlay、Screen Space - Camera 和 World Space。

### 1. Screen Space – Overlay

此渲染模式表示画布下所有的 UI 元素永远置于在屏幕最顶层，就是说无论有没有摄像机，UI 元素永远渲染在最上面。UI 会根据屏幕尺寸以及分辨率的变化作出相对应的适应性调整，如图 9.3 所示。

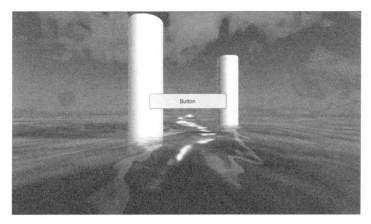

图 9.3

### 2. Screen Space – Camera

类似 Overlay，但此渲染模式表示画布永远被放置在指定摄像机的前方，就是说无论摄像机移到哪儿或者旋转视角，画布永远跟着摄像机的视角走。由于所有 UI 元素都是由指定摄像机来渲染，所以摄像机的设置会影响 UI 画面，如图 9.4 所示。

图 9.4

### 3. World Space

一提到 World Space，我们知道这词意思是世界空间。在这种渲染模式下，画布就会像场景中的其他物体一样，不需要面对摄像机，可以随用户需求任意调整。画布的尺寸通过 Rect Transform 矩形变换设置而改变。其他物体可以自由穿过 UI 元素前后方向，如图 9.5 所示。

图 9.5

## 9.2.2 Text 文本

Text 文本控件向用户显示非交互式文本，如图 9.6 所示。

图 9.6

Text 文本控件的常用属性和功能如表 9.1 所示。

表 9.1　Text 控件的常用属性和功能

| 属　性 | 功　能 |
| --- | --- |
| Text | 控件显示的文本 |
| Font | 显示文本的字体 |
| Font Style | 文本样式，比如粗体、斜体等 |
| Font Size | 显示文本的字号 |
| Line Spacing | 文本行之间的间距 |
| Rich Text | 富文本样式 |
| Alignment | 文本的水平和垂直的对齐方式 |
| Align By Geometry | 使用区段的字形几何执行水平对齐 |
| Horizontal Overflow | 水平溢出方式 |
| Vertical Overflow | 垂直溢出方式 |
| Best Fit | 勾选后根据矩形大小来调整文本大小 |
| Color | 文本颜色 |
| Material | 渲染文本的材质 |
| Raycast Target | 是否标记为光线投射目标 |

## 动手操作：制作时钟

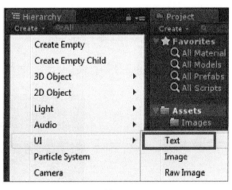

图 9.7

❶ 新建 Unity 工程项目。

❷ 在 Hierarchy 层级视图窗口中单击鼠标右键，在弹出的菜单中选择 UI → Text（文本），Game 游戏视图显示出 "New Text"，如图 9.7 所示。

❸ 新建 C# 脚本文件，重命名为 Clock，脚本如下：

```
using UnityEngine;
using UnityEngine.UI;
using System;

public class Clock :MonoBehaviour
{
    private Text textClock;

    void Start()
    {
        textClock = GetComponent<Text>();
    }
```

```
void Update()
{
    DateTime time = DateTime.Now;
    string hour = LeadingZero(time.Hour);
    string minute = LeadingZero(time.Minute);
    string second = LeadingZero(time.Second);
    textClock.text = hour + ":" + minute + ":" + second;
}

stringLeadingZero(int n)
{
returnn.ToString().PadLeft(2,'0');
}
}
```

4 运行游戏，文本效果如图 9.8 所示。

图 9.8

### 9.2.3 Image 图像

Image 图像控件用来显示非交互式图像，面板如图 9.9 所示。

图 9.9

Image 图像控件的常用属性和功能如表 9.2 所示。

表 9.2　Image 图像控件的常用属性和功能

| 属　性 | 功　能 |
| --- | --- |
| Source Image | 表示要显示的 Sprite 图像纹理，Sprite 方法见 9.1 节 |
| Color | 图像颜色 |
| Image Type | 显示图像类型（需要插入图片才能显示） |
| Preserve Aspect | 图像的原始比例的宽、高是否保持相同的比例 |
| Set Native Size | 设置图像框尺寸为原始图像纹理的大小 |

## 动手操作：制作进度条

**1** 新建 Unity 工程项目，将下载目录的 Unity 第九章文件夹里面的 Load.png 图片文件复制到工程文件夹下，然后将 Texture Type 改为 Sprite（2D and UI），并单击 Apply 按钮，如图 9.10 所示。

**2** 在 Hierarchy 层级视图窗口中单击鼠标右键，在弹出的菜单中选择 UI → Image（图像），如图 9.11 所示。

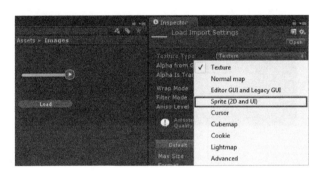
图 9.10

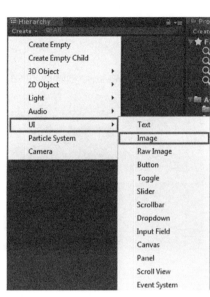
图 9.11

**3** 将导入好的 Load 图片拖入到 Source Image，这样图片就显示进度条，如图 9.12 所示。

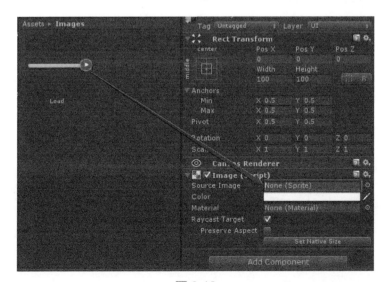
图 9.12

4 将图片的宽和高改为导入图片的宽和高,保持图片一致且正常显示,如图 9.13 所示。

5 在 Image 选项里,将 Image Type 改为 Filled,Fill Method 改为 Horizontal,Fill Amount 设置为 0,如图 9.14 所示。

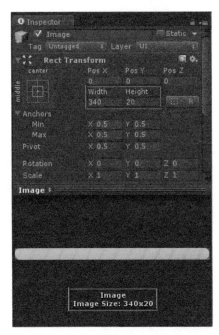

图 9.13

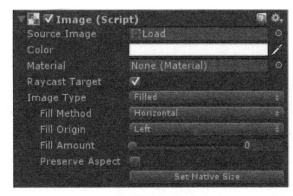

图 9.14

6 新建 C# 脚本文件 LoadSlider,脚本如下:

```
using UnityEngine;
using UnityEngine.UI;

public class LoadSlider :MonoBehaviour
{
    private float inttime = 0;

    void Start()
    {

    }

    void Update()
    {
        inttime += Time.deltaTime;
        GetComponent<Image>().fillAmount = inttime;
    }
}
```

7 将 LoadSlider 脚本文件拖入到 Image，并运行游戏，如图 9.15 所示。

图 9.15

## 9.2.4 Raw Image 原始图像

Raw Image 原始图像控件用来显示非交互图像控件，可用于装饰或者图标等。和 Image 图像不同的是，Raw Image 原始图像控件支持任何类型的纹理（如 Texture 2D 等），而 Image 图像控件仅支持 Sprite 类型的纹理，面板如图 9.16 所示。

Raw Image 原始图像控件的常用属性和功能如表 9.3 所示。

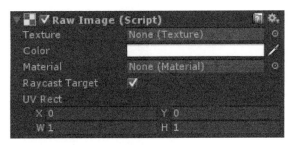

图 9.16

表 9.3　Raw Image 原始图像控件的常用属性和功能

| 属　性 | 功　能 |
| --- | --- |
| Texture | 表示要显示的 Sprite 图像纹理 |
| Color | 图像颜色 |
| Material | 渲染图像的材质 |
| Raycast Target | 用来指定组件是否可以被点击 |

**动手操作：Raw Image 播放视频**

1 新建 Unity 工程项目，将下载目录的 Unity 第九章文件夹里面的 video.mp4 影片文件复制到工程文件夹下，如图 9.17 所示。

2 在 Hierarchy 层级视图窗口中单击鼠标右键，在弹出的菜单中选择 UI → Raw Image （原始图像），如图 9.18 所示。

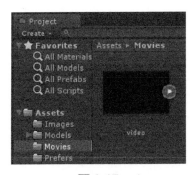

图 9.17

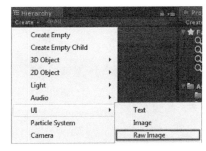

图 9.18

③将 Project 项目视图的 video 影片拖入到 Raw Image 选项里的 Texture，如图 9.19 所示。

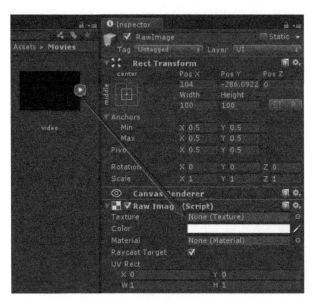

图 9.19

④新建 C# 脚本文件，重命名为 PlayVideo，脚本如下：

```
using UnityEngine;

public class PlayVideo :MonoBehaviour
{
    public MovieTexture movietexture;

    void Start()
    {
        movietexture.Play();
    }
}
```

⑤将脚本文件拖到 Raw Image，然后将 video 影片拖到 MovieTexture，如图 9.20 所示。

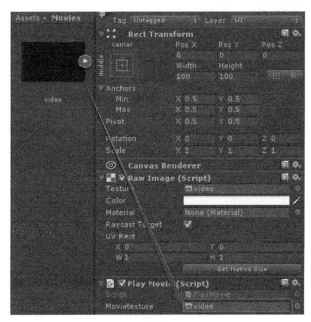

图 9.20

⑥ 运行游戏，影片正在播放，如图 9.21 所示。

图 9.21

## 9.2.5　Button 按钮

Button 按钮控件响应用户的单击事件，面板如图 9.22 所示。

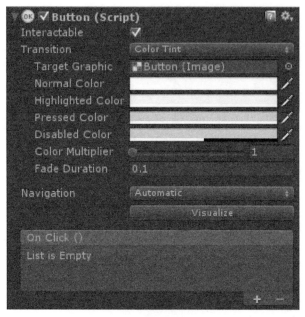

图 9.22

Button 按钮控件的常用属性和功能如表 9.4 所示。

表 9.4　Button 按钮控件的常用属性和功能

| 属　　性 | 功　　能 |
| --- | --- |
| Interactable | 是否开启此按钮的交互 |
| Transition | 控制按钮响应的方式 |
| Navigation | 确定控件的顺序 |
| On Click | 响应按钮的单击事件 |

### 动手操作：Button 的使用

❶ 新建 Unity 工程项目，将下载目录的 Unity 第九章文件夹里面的 Playbtn.png 图片文件复制到工程文件夹下，分别是未访问的按钮、鼠标经过的按钮和被单击的按钮，注意的是三个图片都要转换为 Sprite 类型，方法见 9.1 节。三个图片如图 9.23 所示。

图 9.23

❷ 在 Hierarchy 层级视图窗口中单击鼠标右键，在弹出的菜单中选择 UI → Button（按钮），如图 9.24 所示。

❸ 在 Button 选项里的 Transition 单击下拉并选择 Sprite Swap，如图 9.25 所示。

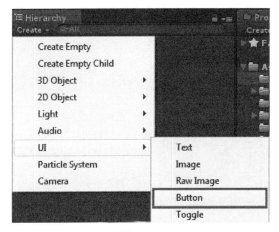
图 9.24

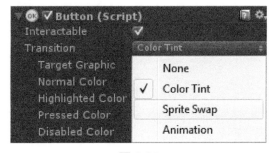
图 9.25

④ 将三个 Sprite 图片分别拖拽到 Source Image、Highlighted Sprite 和 Pressed Sprite，如图 9.26 所示。

⑤ 将 Hierarchy 层级视图里的 Button 的子对象 Text 删除，并运行游戏。你将鼠标移动到按钮上面时就看到按钮图片发生改变。鼠标单击按钮的瞬间就改变按钮图片，如图 9.27 所示。

图 9.26

图 9.27

## 9.2.6 Toggle 开关

Toggle 开关控件是一个允许用户选择或取消选中某个选项的复选框，面板如图 9.28 所示。

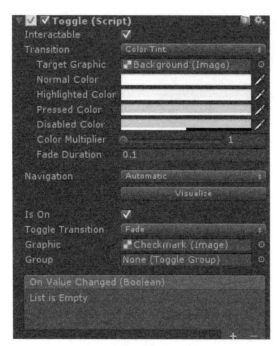

图 9.28

Toggle 开关控件的常用属性和功能如表 9.5 所示。

表 9.5　Toggle 开关控件的常用属性和功能

| 属　性 | 功　能 |
| --- | --- |
| Interactable | 是否开启此开关的交互 |
| Transition | 控制开关响应的方式 |
| Navigation | 确定控件的顺序 |
| Is On | 初始时控件是否启用 |
| Toggle Transition | 当 Toggle 值改变的时候响应用户的操作方式 |
| Group | Toggle 所在的一组 |
| On Value Changed | 当控件发生勾选时，处理事件的响应 |

### 动手操作：利用 Toggle 来开关音乐

❶新建 Unity 工程项目，将下载目录的 Unity 第九章文件夹里面的 media.mp3 音频文件复制到工程文件夹下。

❷在 Hierarchy 层级视图窗口中单击鼠标右键，在弹出的菜单中选择 UI → Toggle（开关），如图 9.29 所示。

❸将创建好的两个 Toggle 分别更名为"开""关"，如图 9.30 所示。

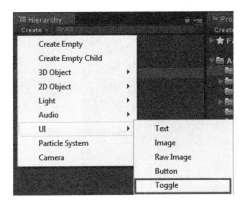

图 9.29

图 9.30

④ 选中"开"的 Toggle，在 Toggle 选项里的 Is On 去勾，如图 9.31 所示。

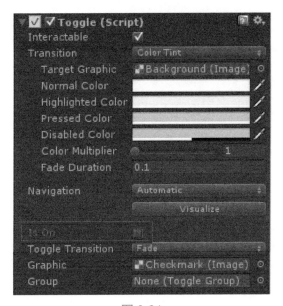

图 9.31

⑤ 在 Canvas 创建空对象 GameObject，重命名为 MusicGroup，将两个 Toggle 拖入到 GameObject 里，如图 9.32 所示。

⑥ 选中 MusicGroup，选择菜单 Component（组件）→ UI → Toggle Group（开关组）命令，这样 Inspector 检视视图出现 Toggle Group，如图 9.33 所示。

图 9.32

图 9.33

⑦ 同时选中两个 Toggle，将 MusicGroup 拖入到 Toggle 选项里的 Group，如图 9.34 所示。

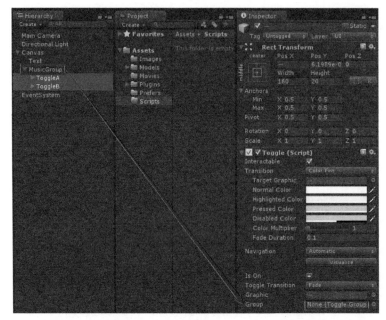

图 9.34

⑧ 新建 C# 脚本文件，重命名为 MusicSwitch，脚本如下：

```csharp
using UnityEngine;
using UnityEngine.UI;

public class MusicSwitch : MonoBehaviour
{
    public Toggle TogA;
    public Toggle TogB;

    void Start ()
    {
        GetComponent<AudioSource>().enabled = false;
    }

    public void Music()
    {
        if (TogA.isOn == true)
        {
            GetComponent<AudioSource>().enabled = true;
            GetComponent<AudioSource>().Play();
        }
        if (TogB.isOn == true)
        {
            GetComponent<AudioSource>().enabled = false;
            GetComponent<AudioSource>().Stop();
```

```
        }
    }
}
```

**⑨** 将 media.mp3 音频文件和 MusicSwitch 脚本文件都拖曳到 Main Camera，如图 9.35 所示。

**⑩** 将两个 Toggle 分别拖到 Music Switch 里的 TogA 和 TogB，如图 9.36 所示。

**⑪** 同时选中两个 Toggle，在 Toggle 选项里的 On Value Changed 单击"+"按钮，如图 9.37 所示。

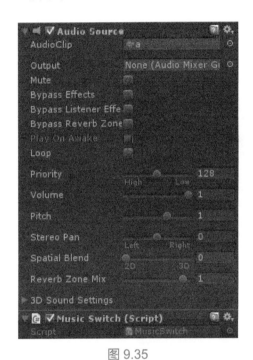

图 9.35

图 9.36

图 9.37

**⑫** 将 Main Camera 拖入到里面，并在右侧下拉框选择 MusicSwitch→Music，如图 9.38 所示。

图 9.38

**⑬** 运行游戏，通过两个 Toggle 来开关音乐。

## 9.2.7　Slider 滑动条

Slider 滑动条控件允许用户通过鼠标从范围内选择一个数值，面板如图 9.39 所示。

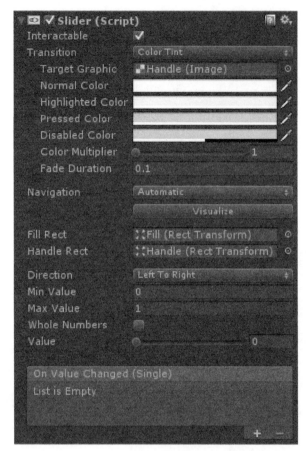

图 9.39

Slider 滑动条控件的常用属性和功能如表 9.6 所示。

表 9.6 Slider 滑动条控件的常用属性和功能

| 属 性 | 功 能 |
| --- | --- |
| Interactable | 是否开启此滑动条的交互 |
| Transition | 控制滑动条的操作方式 |
| Navigation | 确定控件的顺序 |
| Direction | 滑动的方向 |
| Min Value | 滑块滑动的最小值 |
| Max Value | 滑块滑动的最大值 |
| Whole Numbers | 滑块值的整数值 |
| Value | 滑块的当前数值 |

**动手操作：利用 Slider 滑动条来调整音量**

**1** 在上一节的例子基础上，在 Hierarchy 层级视图窗口中单击鼠标右键，在弹出的菜单中选择 UI → Slider（滑动条），如图 9.40 所示。

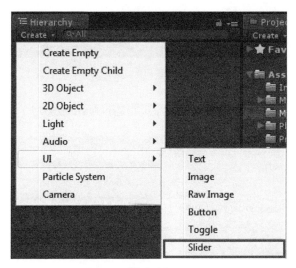

图 9.40

**2** 打开 Music Switch 脚本文件，并在下面添加：

```
public Slider musicslider;
public void MusicVolume()
{
    GetComponent<AudioSource>().volume = musicslider.value;
}
```

**3** 将 Slider 拖入到 Music Switch 组件里的 Musicslider 选项，如图 9.41 所示。

图 9.41

**4** 选中 Slider，在 Slider 选项里的 On Value Changed 单击 "+" 按钮，如图 9.42 所示。

图 9.42

**5** 将 Main Camera 拖入到里面，并在右侧下拉框选择 MusicSwitch → MusicVolume，如图 9.43 所示。

图 9.43

⑥ 为了和音频音量保持同步,将 Slider 选项里的 Value 改为 1,如图 9.44 所示。

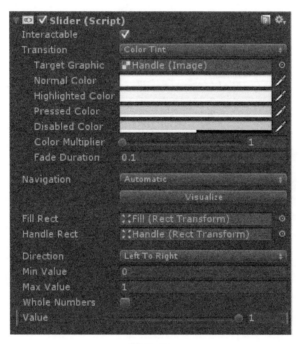

图 9.44

⑦ 运行游戏,通过 Slider 滑动条来调整音量,如图 9.45 所示。

图 9.45

## 9.2.8　InputField 文本框

InputField 文本框控件是用来接收用户输入的信息,本身是一种不可见的 UI 控件,必须跟一个或者多个的 UI 元素结合起来,文本框和面板如图 9.46 所示。

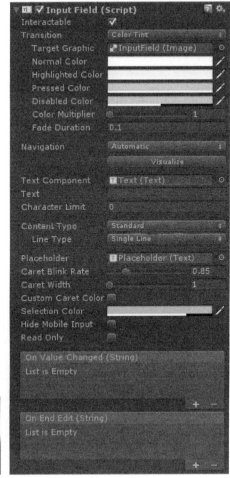

图 9.46

InputField 文本框控件的常用属性和功能如表 9.7 所示。

表 9.7  InputField 文本框控件的常用属性和功能

| 属　性 | 功　能 |
| --- | --- |
| Interactable | 是否开启文本框的交互 |
| Transition | 控制文本框的操作方式 |
| Navigation | 确定控件的顺序 |
| Text | 输入字符值 |
| Character Limit | 文本输入的最大字符数 |
| Content Type | 输入的文本类型 |
| Line Type | 文本的行类型 |
| Caret Blink Rate | 占位符的闪烁速度 |
| Caret Width | 占位符的宽度 |
| Custom Caret Color | 占位符的颜色 |

续表

| 属 性 | 功 能 |
|---|---|
| Selection Color | 选中部分文本的背景颜色 |
| Hide Mobile Input | 是否在移动端隐藏输入栏 |
| Read Only | 是否只读 |

## 9.3　Rect Transform 矩形变换

　　Rect Transform 是一种新的变换组件，是专门为 UGUI 设计的组件，增加了不少的特性，为开发者提供了便利。所以，UGUI 每个控件都会带有一个 Rect Transform 组件，如图 9.47 所示。

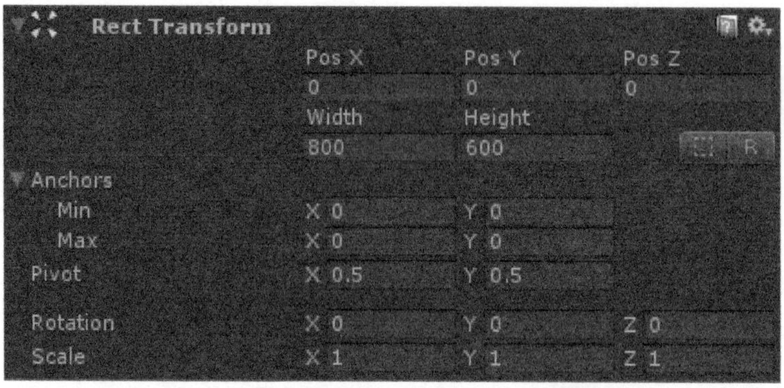

图 9.47

　　下面是 Rect Transform 矩形变换的属性和功能，如表 9.8 所示。

表 9.8

| 属 性 | 功 能 |
|---|---|
| Pos（X，Y，Z） | 定义矩形相对于锚的轴心点的位置 |
| Width/Height | 定义矩形的宽/高 |
| Anchors | 定义矩形在左下角和右上角的锚框 |
| Pivot | 定义矩形旋转时围绕的中心点坐标 |
| Rotation | 定义矩形围绕旋转中心点的旋转角度 |
| Scale | 定义该对象的缩放系数 |

　　为了让 UI 元素更好地适应布局，我们重点介绍 Pivot 和 Anchors。

### 9.3.1　Pivot 轴心点

　　Position、Rotation 和 Scale 的基准位置。一般情况下，旋转和缩放都以轴心点来围绕。

特别注意的是，必须在 Pivot 模式才能改变轴心点位置，如图 9.48 所示。

Scene 场景视图中轴心点和坐标位置如图 9.49 所示。

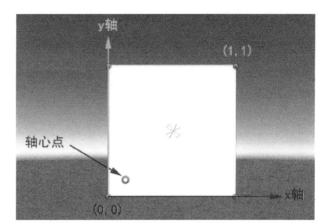

图 9.48　　　　　　　　　　　　　　　图 9.49

## 9.3.2　Anchors 锚框

Anchors 锚框是由 4 个三角形组成，每个三角形都可以分别移动，可以组成一个矩形，4 个三角形在重合的情况下组成一个点。由于 Anchors 计算较复杂，我们可以一步一步来理解。

（1）预设 Anchor：在 Inspector 检视视图中，Rect Transform（矩形变换）左上角有个 Anchor Presets（锚框预设）按钮，单击它并弹出事先预定好的 Anchor Preset（锚框预设），单击 Alt 或者 Shift 键，出现不同的设置界面，如图 9.50 所示。

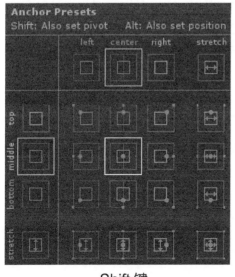
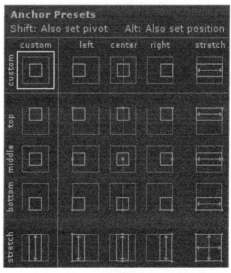

Shift 键　　　　　　　　　　　　　　　Alt 键

图 9.50

（2）自定义 Anchors：如果没达到预想的效果，可通过 Anchor 属性来调整。

1. Anchors Min/Max

通过此设置来调整 UI 元素的大小和对齐方式，即调整四个三角形的位置，取值范围均为 0~1，如图所示表示锚点范围的表示，如图 9.51 所示。

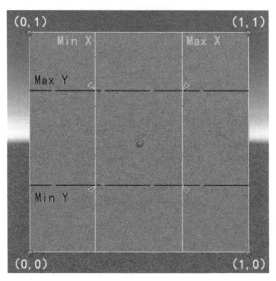

图 9.51

2. Rect Transform Position 的变化

在调整 Anchors 的时候，发现 Inspector 检视视图里的 Position 不断变化，就是 PosX/Y、Width/Height 和 Left/Rigth/Top/Bottom 有的显示有的消失，给初学者带来了困惑。下面我们来分析变化的原因。

以 Image 图片宽度为例，将 $x$ 轴的两个锚点分为三段，分别是 a，b，c，如图 9.52 所示。一般情况下，Width=a+b+c，也就是说图片的宽度。

- 当 $b \neq 0$ 时，即两个锚点不重合，就出现 Left 和 Right，其中 a 表示 Left 的长度，c 表示 Right 的长度，如图 9.52 所示。
- 当 b=0 时，即两个锚点重合，就出现 PosX 和 Width，PosX 表示锚点离轴心点的距离，如图 9.53 所示。

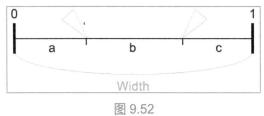

图 9.52

图 9.53

高度 $y$ 轴同理。只要多上机操作，就会理解其中的概念。

## 9.4 UGUI 界面布局实例

动手操作：我的第一个"游戏主菜单"界面

① 新建 Unity 工程项目，将下载目录的 Unity 第九章 /Example 文件夹里面的所有图片文件复制到工程文件夹下。

② 将导入好的三个图片全部选中，在 Inspector 检视视图上单击 Texture Type 下拉并选择 Sprite（2D and UI），最后单击 Apply 按钮，如图 9.54 所示。

图 9.54

③ 在 Hierarchy 层级视图中单击鼠标右键，在弹出的菜单中选择 1 个 Panel、1 个 Button 和 1 个 Image，如图 9.55 所示。

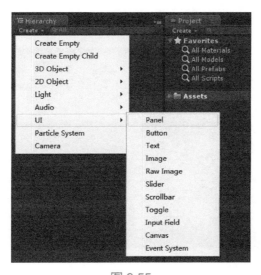

图 9.55

④ 删除 Button 的子对象 Text，并按如图 9.56 所示来布局排版。

图 9.56

**5** 新建 C# 脚本文件,重命名为 Main,脚本如下:

```
using UnityEngine;
using UnityEngine.SceneManagement;

public class Main : MonoBehaviour
{
    public void StartBtn()
    {
        SceneManager.LoadScene("Game");
    }
}
```

**6** 将脚本文件拖入到 Main Camera,如图 9.57 所示。

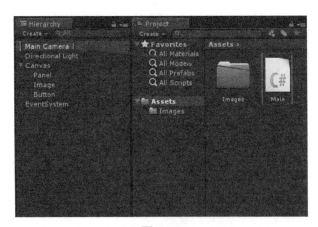

图 9.57

**7** 选中 Button,然后在 Inspector 检视视图里 Button 单击 "+" 按钮,这样列表出现一个事件,如图 9.58 所示。

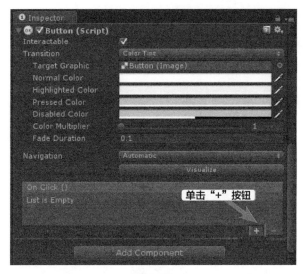

图 9.58

⑧ 然后将 Main Camera 拖入到里面，如图 9.59 所示。

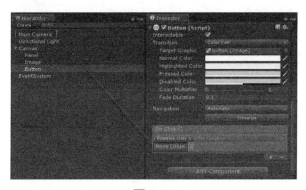

图 9.59

⑨ 在右边下拉菜单选择 Main/StartBtn（），如图 9.60 所示。

图 9.60

10 保存当前场景为 Menu，并新建空白场景，保存为 Game。打开 Build Settings 对话框（快捷键为【Ctrl+Shift+B】），将两个保存好的场景拖入到对话框里的 Scenes In Build 列表，如图 9.61 所示。

图 9.61

11 运行游戏，单击"开始游戏"按钮，就可以跳转到新场景，如图 9.62 所示。

图 9.62

# 第10章

## Shader 着色器基本知识

## 10.1 认识 Shader

相信大家都看过《极速蜗牛》《冰雪奇缘》和《疯狂动物城》这些知名的动画电影。这些电影都成功地给观众们带来了震撼的视觉冲击，包括更加自然的环境光表现、更真实的材质展现，以及更加流畅的人物动作、复杂的物理效果等等，令人过目难忘。近期，Unity 在 GDC 2016 展示的 Demo 动画片段《Adam》和 Marza 在 Unite 2016 展示的动画短片《Gift》，也都充分展示了令人惊叹的画面效果，让人印象深刻。这些精彩效果的展示，离不开着色器（Shader）的功劳。

着色器（Shader）是用来控制可编程图形渲染管线的程序，Unity 内建的着色器超过了 80 个，所以渲染工作都离不开着色器（Shader）。Unity 配备了一个强大的阴影着色和材质的语言，称为着色器语言（ShaderLab），它的语法风格类似 CgFX 和 Direct3D 特效（.FX）语言。描述了显示材质（Material）所需要的一切信息，如图 10.1 所示是利用 Shader 着色器制作出翩翩飞舞的蝴蝶。

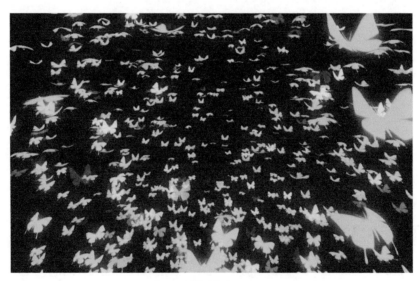

图 10.1

在 Unity 5.x 中，新增了一种基于物理着色的内置着色器，叫做 Standard Shader（标准着色器），如图 10.2 所示。开发者可以选择性地使用和调整该着色器的功能，不但满足了项目中绝大部分的着色器需求，而且简化了开发工作流程，提高了工作效率，是开发者的理想选择。

Unity 5 目前提供了两种标准着色器，分别是 Standard（标准版）和 Specular（高光版），其实这两个着色器的用途差不多，只是调整的属性参数有着细微不同。对于绝大多数一般材质类型而言，都能达到一个很好的呈现效果。选择这个或者另一个取决于个人对于艺术工作流程的偏好。

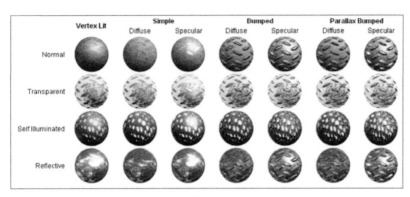

图 10.2

### 动手操作：制作第一个 Shader

① 新建 Unity 工程项目，在 Project 项目视图中单击鼠标右键，在弹出的菜单中选择 Create（创建）→ Shader（着色器）→ Standard Surface Shader（标准表面着色器），如图 10.3 所示。

② 创建 Shader 着色器文件后，重命名为 Test，如图 10.4 所示。

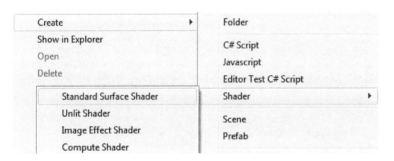

图 10.3　　　　　　　　　　　　　　图 10.4

③ 双击 Test 脚本文件，自动启动 Mono Developer 编辑器，里面出现自动生成的脚本。

```
Shader "Custom/Test" {
    Properties {
        _Color ("Color", Color) = (1, 1, 1, 1)
        _MainTex ("Albedo (RGB)", 2D) = "white" {}
        _Glossiness ("Smoothness", Range(0, 1)) = 0.5
        _Metallic ("Metallic", Range(0, 1)) = 0.0
    }
    SubShader {
        Tags { "RenderType"="Opaque" }
        LOD 200
```

```
CGPROGRAM
    #pragma surface surf Standard fullforwardshadows

    #pragma target 3.0

    sampler2D _MainTex;

    struct Input {
        float2 uv_MainTex;
    };

    half _Glossiness;
    half _Metallic;
    fixed4 _Color;

    void surf (Input IN, inout SurfaceOutputStandard o) {
        fixed4 c = tex2D (_MainTex, IN.uv_MainTex) * _Color;
        o.Albedo = c.rgb;
        o.Metallic = _Metallic;
        o.Smoothness = _Glossiness;
        o.Alpha = c.a;
    }
    ENDCG
}
FallBack "Diffuse"
```

④ 把第一行修改为 Shader "MyShader/HelloWorld"，并保存，如图 10.5 所示。

图 10.5

⑤ 回到 Unity Editor 编辑器，在 Project 项目视图中单击鼠标右键，在弹出的菜单中选择 Create（创建）→ Material（材质），如图 10.6 所示。

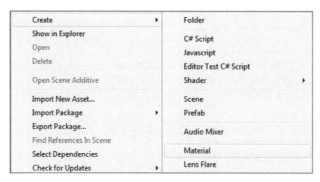

图 10.6

6 创建 Material 材质文件后，重命名为 Test，如图 10.7 所示。

7 在 Inspector 检视视图选择 MyShader → HelloWorld，就是自己创建的 Shader 文件指定到材质，到最后将材质指定给模型来进行渲染了，如图 10.8 所示。

图 10.7

图 10.8

接下来，我们对 Shader 脚本文件来了解每一个语句的意义。

## 10.2　Shader 基本语法

在 Unity 中，所有的 Shader 脚本文件都是用 ShaderLab 语言来撰写的，一个 Unity Shader 的基本结构格式如下：

```
Shader "Custom/Name"
{
    Properties
    {
        // 着色器属性
    }
    SubShader
    {
        // 子着色器 1
    }
    SubShader
    {
        // 子着色器 2
    }
    FallBack "Diffuse" // 备用着色器名称
}
```

为了能让初学者更好地理解 Shader，下面简单说明 Shader 脚本的基本语法。

**1. Shader 根命令：**

每个着色器都需要定义一个唯一的 Shader 根命令，语法如下：

　　Shader "着色器名称"

例如：如图 10.9 所示。

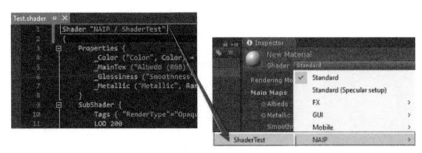

图 10.9

**2. Properties 属性：**

这是一个列表，里面是用来定义着色器属性的语句，比如颜色、纹理、透明度、反射率等等都用作参数，语法如下：

　　_Name（"Display Name", type）= defaultValue[{options}]

① _Name：变量名，Shader 脚本文件内部使用的名称。
② Display Name：显示名，就是在材质面板上出现的名称。
③ type：属性值的类型，如表 10.1 如示。
④ defaultValue：定义此属性的默认值。

表 10.1

| 属性值类型 | 说　　明 |
| --- | --- |
| Color | 表示颜色属性 |
| 2D | 表示 2 的幂尺寸的贴图属性 |
| Rect | 表示非 2 的幂尺寸的贴图属性 |
| Cube | 表示 CubeMap 立方体贴图的属性 |
| Range（min, max） | 表示在 min 和 max 之间的一个数值 |
| Float | 表示浮点数属性 |
| Vector | 表示四维向量属性 |

⑤ options：一些纹理的参数选项，只对 2D、Rect 或者 Cube 贴图有关，包括两种选项：

TexGen 纹理生成模式和 LightmapMode 光照贴图模式。

例如：

_MainColor（"Main Color", Color）=（1, 0, 0, 0.5）

表示定义一个默认值为半透明红色的颜色 Main Color。

_MainTex（"Main Texture", 2D）= "black" {}

表示定义一个默认值为黑色的纹理 Main Texture。

_RangeValue（"Float Value", Float）= 1.5

表示是一个浮点数的属性，默认值为 1.5。

### 3. SubShader 子着色器

每一个着色器都包含一个子着色器列表。子着色器由 Tags 标签、CommonState 通用状态、Pass 通道列表组成的。渲染的时候会从上到下遍历子着色器列表，每个 Pass 都会渲染一次对象，语法如下：

Subshader { [Tags 标签] [CommonState 通用状态] Pass[] }

① **Tags**：标签名称，控制渲染引擎"何时""如何"将子着色器进行呈现出来。设定 Tags 索引值可以有任意多个，是"键 - 值"对的形式，语法格式如下：

Tags{"标签 1"="值 1""标签 2"="值 2"}

例如：

Tags{"RenderType" = "Transparent"}

表示设置渲染方式为透明。

Tags{"RenderType" = "Opaque"}

表示设置渲染方式为不透明。

Tags{"ForceNoShadowCasting" = "True"}

表示设置渲染方式为不产生阴影。

Tags{"Queue" = "XXX"}

表示物体按照索引值从小到大依次渲染到屏幕上，预定义的标签索引值 Queue 如表 10.2 所示，也可以自定义 Queue 数值。

表 10.2

| Queue 渲染方式 | 索引值 | 说　明 |
| --- | --- | --- |
| Background | 1000 | 背景：用来渲染天空盒或者背景 |
| Geometry | 2000 | 几何体：默认值，用来渲染不透明物体。场景中绝大部分的物体都是不透明的 |

续表

| Queue<br>渲染方式 | 索引值 | 说　明 |
|---|---|---|
| AlphaTest | 2450 | 用来渲染经过 Alpha Test 的像素 |
| Transparent | 3000 | 透明，用来由后到前的顺序渲染透明物体，适用于玻璃、粒子效果等 |
| Overlay | 4000 | 覆盖，用来渲染叠加的效果，是渲染的最后阶段 |

例如：

Tags { "Queue" = "Transparent+50" }

表示在 Transparent 之后 50 的 Queue 上进行调用，索引值是 3050。

② LOD：细节层次，全名是 Level of Detail，Unity 内置 Shader 定义的一组 LOD 数值，决定了我们能用什么样的着色器。数值越大，细节越高，消耗越大。

VertexLit 及其系列 = 100

Decal，Reflective VertexLit = 150

Diffuse = 200

Diffuse Detail，Reflective Bumped Unlit，Reflective Bumped VertexLit = 250

Bumped，Specular = 300

Bumped Specular = 400

Parallax = 500

Parallax Specular = 600

③ Pass：通道，可以设置图形显示卡的各种状态，一般命名都是大写开头，语法格式如下：

Pass { [Name and Tags] [RenderSetup] [SetTexture]}

④ Fallback 备用着色器，就是说如果当前硬件不支持任何子着色器运行，那么就用 Fallback 备用着色器来渲染，一般位于所有子着色器之后。Fallback 语句的用法有两种：

Fallback "备用着色器名称"：使用给定名称的着色器。

Fallback Off：显式声明不使用备用着色器，当没有子着色器能够运行的时候也不会有任何警告。

⑤ Category 分类，用来提供让子着色器继承的命令，例如关闭雾效、设置混合模式。

例如：

Category

{

    Fog {Mode off}　　　　　// 关闭雾效

    Blend One One　　　　　// 设置混合模式

    SubShader { ... }

```
    SubShader { ... }
}
```

## 10.3 着色器的两种自定义

在 Unity 中，可以使用两种不同类型的 Shader 来编写，它们分别是 Vertex and Fragment Shaders（顶点和片段着色器）和 Surface Shaders（表面着色器）。

### 10.3.1 Surface Shader（表面着色器）

通常情况下，都会使用 Surface Shader 表面着色器来开发。因为在两种着色器中 Surface Shader 编写比较轻松，不需要处理光照、阴影以及复杂的数学运算，极大地提高了开发效率。表面着色器的关键代码用 Cg/HLSL 语言编写，然后嵌在 ShaderLab 的结构代码中使用。

Surface Shader 的工作原理：先定义一个表面函数（surface function）作为输入，然后进行处理，将计算结果填充到结构体 SurfaceOutput 作为输出，工作流程如图 10.10 所示。

图 10.10

编写 Surface Shader 的规则如下。

（1）表面着色器程序位于 CGPROGRAM ... ENDCG 代码块之间。

（2）必须嵌在子着色器（SubShader）块里面。而不是 Pass 通道块里面。表面着色器（Surface Shader）将在多重通道内编译自己。

（3）使用 #pragma surface ... 指令来声明它是一个表面着色器，语法格式如下：

　　#pragma surface 表面函数光照模型 [ 可选参数 ]

表面函数（Surface function）是表面着色器（Surface Shader）的核心，作用是接收输入的 UV 或者附加数据，然后进行处理，最后将结果填充到输出结构体 SurfaceOutput 中。下面是白色漫反射的简单例子，然后进一步了解每一块的作用。

```
Shader "Example/Diffuse Simple" {
    SubShader {
        Tags { "RenderType" = "Opaque" }
```

```
    CGPROGRAM
    #pragma surface surf Lambert
    struct Input {
        float4 color : COLOR;
    };
    void surf (Input IN, inout SurfaceOutput o) {
        o.Albedo = 1;
    }
    ENDCG
}
Fallback "Diffuse"
}
```

#pragma surface surf Lambert 指令告诉着色器将使用哪个光照模型来计算，此语句指明着色器类型、表面函数和光照模型，说明 Lambertian 光照模型被使用。o.Albedo=1 表示材质的 albedo 的输出颜色值，1 表示（1，1，1，1）即白色颜色。

输入结构体 Input 一般包含着色器所需的纹理坐标，纹理坐标的命名规则是 uv_ 纹理名称，还可以在输入结构中设置一些附加数据，下面描述了附加数据的功能以及使用方法，如表 10.3 所示。

表 10.3

| 附加数据 | 说明 |
| --- | --- |
| Float3 viewDir | 摄像机的方向（视角方向） |
| Float4 COLOR | 每个顶点的插值颜色 |
| Float4 screenPos | 屏幕空间的坐标 |
| Float3 worldPos | 世界空间的坐标 |
| Float3 worldRefl | 世界坐标系中的反射向量 |
| Float3 worldNormal | 世界坐标系中的法线向量 |
| INTERAL_DATA | 当输入结构包含 worldRefl 或 worldNormal 且表面函数会写入输出结构的 Normal 字段时需包含此声明 |

输出结构体 SurfaceOutput 作为一个容器可以存储表面着色器中所有最终数据，既然定义了此结构体，就可以在结构体里添加更多的数据，连光照函数和 surf（）函数都可以访问。下面描述了 SurfaceOutput 结构体的各种参数，如表 10.4 所示。

表 10.4

| Half3 Albedo | 反射光 |
| --- | --- |
| Half3 Normal | 法线 |
| Half3 Emission | 自发光 |

| Half Specular | 高光 |
| --- | --- |
| Half Gloss | 光泽度 |
| Half Alpha | 透明度 |

下面通过几个例子来介绍表面着色器。

例1：漫反射，脚本如下：

```
Shader "ShaderExample/10_4"
{
    Properties
    {
        _MainTex ("Texture", 2D) = "white" {}
    }
    SubShader
    {
        Tags { "Render Type" = "Opaque" }
        CGPROGRAM
        #pragma surface surf Lambert

        struct Input
        {
            float2 uv_MainTex;
        };

        sampler2D _MainTex;

        void surf(Input IN, inout SurfaceOutput o)
        {
            o.Albedo = tex2D (_MainTex, IN.uv_MainTex).rgb;
        }
        ENDCG
    }
    FallBack "Diffuse"
}
```

- 第2~5行表示着色器的定义属性块，其中第5行表示纹理数值，默认为白色。
- 第12~15行表示定义了一个输入类型的结构体，其中的参数是纹理的UV。
- 第19~24行表示执行函数，对输入的纹理进行计算，将纹理的颜色值和半透明值逐像素依次传送给输出纹理。

结果如图10.11所示

图 10.11

例 2：法线，脚本如下：

```
Shader "ShaderExample/10_5"
{
    Properties
    {
        _MainTex ("Texture", 2D) = "white" {}
        _BumpMap ("Bumpmap", 2D) = "bump" {}
    }
    SubShader
    {
        Tags { "Render Type" = "Opaque" }
        CGPROGRAM
        #pragma surface surf Lambert

        struct Input
        {
            float2 uv_MainTex;
            float2 uv_BumpMap;
        };

        sampler2D _MainTex;
        sampler2D _BumpMap;

        void surf(Input IN, inout SurfaceOutput o)
        {
            o.Albedo = tex2D (_MainTex, IN.uv_MainTex).rgb;
            o.Normal = UnpackNormal(tex2D(_BumpMap, IN.uv_BumpMap));
        }
        ENDCG
    }
    FallBack "Diffuse"
}
```

- 第 3~7 行表示着色器的定义属性块，其中第 5 行表示纹理数值，默认为白色，第 6 行表示法线数值。
- 第 14~18 行表示定义了一个输入类型的结构体，其中的参数是纹理的 UV 和法线的 UV。
- 第 23~27 行表示执行函数。

结果如图 10.12 所示

图 10.12

## 10.3.2 Vertex and Fragment Shader（顶点和片段着色器）

顶点和片段着色器运行于具有可编程渲染管线的硬件上，包括顶点程序和片段程序。如果想制作比较炫酷的效果，那么顶点和片段着色器就派上用场了，但是缺点是不能直接和光照交互。

Vertex and fragment shader 的工作原理：首先，Vertex modifier 收到系统传递给的模型数据，然后把这些处理成特殊数据来进行输出。然后，系统对 Vertex modifier 输出的顶点数据进行插值，并将插值结果传递给 Fragment function。最后，fragment function 根据这些插值结果计算最后屏幕上的像素颜色，工作流程如图 10.13 所示。看起来和表面着色器很相似，但不同之处就是没有物理属性的语法，也没有任何照明的概念。

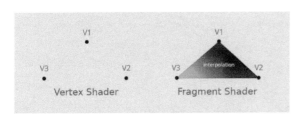
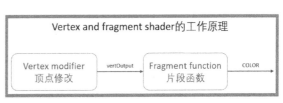

图 10.13

顶点和片段着色器用 CG 或 HLSL 语言来编写，语法格式如下：

```
Pass
{
    CGPROGRAM
```

```
        #pragma vertex vert
        #pragma fragment frag
        #include "..."
        ... ...
        ENDCG
}
```

说明：

① 代码用 CGPROGRAM…ENDCG 语句包围起来，放在 ShaderLab 的 Pass 通道命令中，表示标记 CG 程序。

注：CG 全名是 C for Graphics，用于计算机图形编程的 C 语言超集。

② #pragma 的作用是指示编译对应 Shader 的函数，声明写在代码编译指令的起始处，指定一个将要被用于编译的着色器函数。

例如：

#pragma vertex vert 表示函数名为 vert 的 Vertex Shader

#pragma fragment frag 表示函数名为 frag 的 Fragment Shader

③ #include 的作用是导入 Unity 包含 Shader 预定义的变量和函数文件。

#include "UnityCG.cginc" 表示导入 Unity 通用的 CG 预定义文件，里面包含 Unity 着色器中带来很多辅助函数和定义。

Unity 支持一系列渲染 API，默认情况下所有着色器代码都会编译到所有支持的平台下，可以通过 #pragma only_renderers 或 #pragma exclude_renderers 指令显式指定编译到渲染器。目前支持的渲染器名称如下：

- d3d9 - Direct3D 9.
- d3d11 - Direct3D 11.
- opengl - OpenGL.
- gles - OpenGL ES 2.0.
- gles3 - OpenGL ES 3.0.
- xbox360 - Xbox 360.
- ps3 - PlayStation 3.

例如：

#pragma only_renderers d3d9，表示此指令让着色器仅为 D3D9 编译。

下面通过例子来介绍顶点和片段着色器。

例：显示色彩的物体，脚本如下：

```
Shader "ShaderExample/10_3"
{
    SubShader
```

```
{
    Pass
    {
        CGPROGRAM
        #pragma vertex vert
        #pragma fragment frag
        #include "UnityCG.cginc"

        struct v2f
        {
            float4 pos: SV_POSITION;
            float3 color: COLOR0;
        };

        v2f vert(appdata_base v)
        {
            v2f o;
            o.pos=mul(UNITY_MATRIX_MVP, v.vertex);
            o.color=v.normal*0.5+0.5;
            return o;
        }

        half4 frag(v2f i):COLOR
        {
            return half4(i.color, 1);
        }
        ENDCG
    }
}
FallBack "Diffuse"
}
```

- 第 5~30 行表示 CG 的代码块。
- 第 12~16 行表示顶点数据的结构体，声明顶点位置和颜色的四维浮点数向量。
- 第 18~24 行表示顶点着色器的代码，用来计算位置和颜色。
- 第 26~29 行表示片段着色器的代码，用来把输入的颜色返回并把透明度设置为 1。

结果如图 10.14 所示。

下面是 Surface Shaders（表面着色器）和 Vertex and fragment shader（顶点和片段着色器）的区别，如表 10.5 所示。

图 10.14

表 10.5

| | Surface Shaders<br>（表面着色器） | Vertex and fragment shader<br>（顶点和片段着色器） |
|---|---|---|
| 代码量 | 少 | 多 |
| 使用性 | 方便 | 复杂 |
| 光照计算 | 含 | 不含 |
| 渲染代价 | 高 | 低 |
| 灵活性 | 低 | 高 |

## 10.4　Unity Shader 案例：制作金属材质

❶打开 Unity，新建工程项目，在 Project 项目视图新建 Shader 着色器文件，如图 10.15 所示。

❷创建 Shader 着色器文件后，重命名为 MetalTest，如图 10.16 所示。

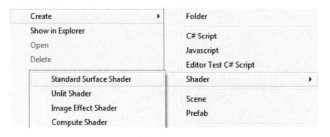
图 10.15

图 10.16

❸双击 MetalTest 脚本文件，自动启动 Mono Developer 编辑器，并输入如下脚本。

```
Shader "Test/MetalTest"
{
    Properties
    {
        _MainTint ("Diffuse Tint", Color) = (1, 1, 1, 1)
        _MainTex ("Base (RGB)", 2D) = "white" {}
        _SpecularColor ("specular Color", Color) = (1, 1, 1, 1)
        _Specular ("Specular Amount", Range(0, 1)) = 0.5
        _SpecPower ("Specular Power", Range(0, 1)) = 0.5
        _AnisoDir ("Anisotropic Direction", 2D) = "" {}
        _AnisoOffset ("Anisotropic Offset", Range(-1, 1)) = -0.2
    }

    SubShader
    {
        Tags { "RenderType"="Opaque" }
```

```
        LOD 200

        CGPROGRAM
        #pragma surface surf Anisotropic
        #pragma target 3.0

        sampler2D _MainTex;
        sampler2D _AnisoDir;
        float4 _MainTint;
        float4 _SpecularColor;
        float _AnisoOffset;
        float _Specular;
        float _SpecPower;

        struct SurfaceAnisoOutput
        {
            fixed3 Albedo;
            fixed3 Normal;
            fixed3 Emission;
            fixed3 AnisoDirection;
            half Specular;
            fixed Gloss;
            fixed Alpha;
        };

        inline fixed4 LightingAnisotropic (SurfaceAnisoOutput s, fixed3 light
Dir, half3 viewDir, fixed atten)
        {
            fixed3 halfVector = normalize(normalize(lightDir) + normalize
(viewDir));
            float NdotL = saturate(dot(s.Normal, lightDir));

            fixed HdotA = dot(normalize(s.Normal + s.AnisoDirection),
halfVector);
            float aniso = max(0, sin(radians((HdotA + _AnisoOffset)
            * 180)));

            float spec = saturate(pow(aniso, s.Gloss * 128) * s.Specular);

            fixed4 c;
            c.rgb = ((s.Albedo * _LightColor0.rgb * NdotL) + (_LightColor0.
rgb * _SpecularColor.rgb * spec)) * (atten * 2);
            c.a = 1.0;
            return c;
        }
```

```
        struct Input
        {
            float2 uv_MainTex;
            float2 uv_AnisoDir;
        };

        void surf (Input IN, inout SurfaceAnisoOutput o)
        {
            half4 c = tex2D (_MainTex, IN.uv_MainTex) * _MainTint;
            float3 anisoTex = UnpackNormal(tex2D(_AnisoDir, IN.uv_AnisoDir));

            o.AnisoDirection = anisoTex;
            o.Specular = _Specular;
            o.Gloss = _SpecPower;
            o.Albedo = c.rgb;
            o.Alpha = c.a;
        }
        ENDCG
    }
    FallBack "Diffuse"
}
```

- 第 3~12 行表示着色器的定义属性块，用来控制表面的最终外观效果。
- 第 42~56 行表示光照函数，用来为物体表面产生一个正确的各向异性效果。
- 第 58~62 行表示顶点数据的结构体。
- 第 64~74 行表示 surf 函数，用来将正确的属性数据传递给光照函数。

4 回到 Unity，在 Project 项目视图新建 Material 材质文件，并重命名为 Metal，如图 10.17 所示。

图 10.17

5 单击 Metal 材质文件，然后在 Inspector 检视视图单击 Shader 下拉，并选择 Test-MetalTest，如图 10.18 所示。

图 10.18

⑥ 按如图 10.19 所示调整参数。

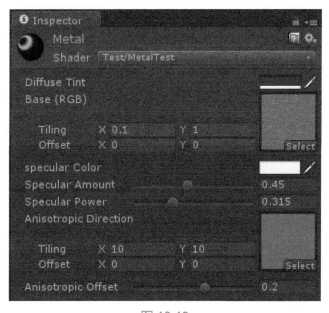

图 10.19

⑦ 在场景里创建一个 Capsule 游戏对象，将 Metal 材质拖入 Capsule 游戏对象，并运行游戏，效果如图 10.20 所示。

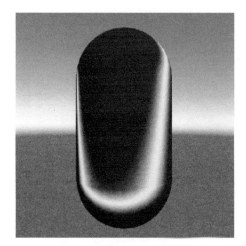

图 10.20

# 第11章

## 游戏资源打包

## 11.1 认识 AssetBundle

制作大型游戏过程中会产生大量的模型、贴图和图片等内容。因此，在发布 WebGL 网页版时，会出现文件容量过大的问题。如果将发布后的文件挂在服务器，用户在打开浏览器时，需要长时间加载才能进入，甚至大部分人会由于网速慢而中途关闭游戏。这种情况不只是出现在网页版，移动设备也是如此。由此可见，在制作的游戏规模太大，且运行时需要加载的情况下，减少加载时间，是必要的。

AssetBundle 是 Unity 提供的一种打包资源的文件格式，比如模型、纹理和音频文件等的各种资源，允许使用 WWW 类流式传输从本地或远程位置来加载资源，从而提高项目的灵活性，减少初始应用程序的大小。

Inspector 检视视图最底部有一栏 AssetBundle，如图 11.1 所示。

图 11.1

第一个参数是给资源打包的 AssetBundle 命名，固定为小写，若在名字中使用了大写字母，系统会自动转换为小写格式。第二个参数是打包 AssetBundle 文件的后缀名，如图 11.2 所示。

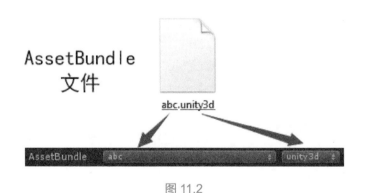

图 11.2

## 11.2 创建 AssetBundle

在 5.3 版本以上，Unity 为我们提供了唯一的 API 来打包 AssetBundle，即：
BuildPipeline.BuildAssetBundles（string outputPath, BuildAssetBundleOptions assetBundleOptions, BuildTarget targetPlatform）;
说明：

- OutputPath：资源包的输出路径，资源会被编译保存到存在的文件夹里，注意编译的时候不会自动创建文件夹。
- assetBundleOptions：资源包编译选项，默认为 None。
- targetPlatform：目标编译平台。

这里以 WebGL 为例，下面对创建 AssetBundle 过程进行详细的讲解。

### 动手操作：创建 AssetBundle

**1** 新建 Unity 工程项目，将下载目录的 Unity 第十一章文件夹里面的 Woman 模型文件复制到工程文件夹下，然后拖入到场景里，如图 11.3 所示。

图 11.3

**2** 在 Project 项目视图创建一个 Prefab 空预制体，命名为 "WomanPre"，如图 11.4 所示。

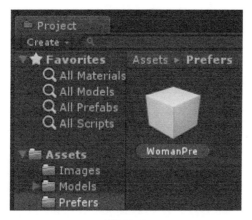

图 11.4

**3** 将此模型拖到 WomanPre 预制体，同时白色图标变成蓝色，如图 11.5 所示。

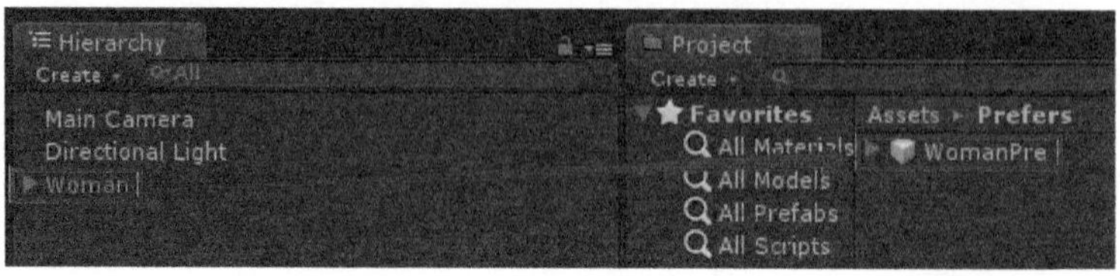

图 11.5

4 单击 WomanPre 预制体，在 Inspector 检视视图最下方的 AssetBundle，单击 "None—New..."，给它命名为 woman，如图 11.6 所示。

图 11.6

5 在 Editor 文件夹创建 C# 脚本文件，重命名为 ExportAssetBundles，脚本如下：

```
using UnityEngine;
using UnityEditor;

public class ExportAssetBundles : MonoBehaviour
{

    [MenuItem("Assets/Build AssetBundle From Selection")]
    static void Export ()
    {
        BuildPipeline.BuildAssetBundles("Assets/AssetBundles",
BuildAssetBundleOptions.None, BuildTarget.WebGL);
    }

}
```

注意：此脚本必须放在 Editor 文件夹，若没有 Editor 文件夹可新建一个，否则发布的时候会报错。

6 选择菜单 Assets（资源）→ Build AssetBundle From Selection 命令，就开始执行 AssetBundle，如图 11.7 所示。

7 打开项目里的 Assets 文件夹，你就会看到 AssetBundle 打包好的文件，如图 11.8 所示。

图 11.7

图 11.8

Unity 官方网站提供了 AssetBundle Manager，简化了 AssetBundles 的创建、测试和发布环节。如果读者有感兴趣，可自行学习，如图 11.9 所示。

图 11.9

## 11.3 下载 AssetBundle

下载 AssetBundle 有两种方法：缓存机制和非缓存机制。

### 11.3.1 不使用缓存

先获取 WWW 对象，再通过 WWW.assetBundle 来加载 AssetBundle 对象，此方法是使用一个新建的 WWW 对象。AssetBundles 并不会缓存到 Unity 在本地设备存储器上的缓存文件夹中，脚本如下：

```
using System;
using UnityEngine;
using System.Collections;
class NonCachingLoadExample : MonoBehaviour
{
    public string BundleURL;
    public string AssetName;
    IEnumerator Start()
    {
        using (WWW www = new WWW(BundleURL))
        {
            yield return www;
            if (www.error != null)
                throw new Exception("WWW download had an error:" + www.error);
            AssetBundle bundle = www.assetBundle;
            if (AssetName == "")
                Instantiate(bundle.mainAsset);
            else
                Instantiate(bundle.LoadAsset(AssetName));
            bundle.Unload(false);
        }
    }
}
```

### 11.3.2 使用缓存

通过 LoadFromFile、LoadFromMemory 方法来下载 AssetBundle 文件，下载完成后自动被保存在 Unity 引擎特定的缓存区内。LoadFromFile 从磁盘上的文件同步加载 AssetBundle，该功能支持任何压缩类型的压缩包，脚本如下：

```
using UnityEngine;
using System.IO;

public class CachingLoadExample : MonoBehaviour
{
    void Start()
    {
        var myLoadedAssetBundle = AssetBundle.LoadFromFile(Path.Combine
(Application.streamingAssetsPath, "myassetBundle"));
        if (myLoadedAssetBundle == null)
        {
            Debug.Log("Failed to load AssetBundle!");
            return;
        }
```

```
        var prefab = myLoadedAssetBundle.LoadAsset<GameObject>("WomanPre");
        Instantiate(prefab);

        myLoadedAssetBundle.Unload(false);
    }
}
```

## 11.4 AssetBundle 加载和卸载

### 11.4.1 AssetBundle 加载

当把 AssetBundle 文件从服务器端下载到本地后，需要把下载好的 AssetBundle 中的内容加载到内存里并创建 AssetBundle 文件中的对象。

Unity 5 提供了三种不同的方式来加载 AssetBundle，分别如下。

#### 1. AssetBundle.LoadAsset

通过资源名称标识名作为参数来加载对象，定义如下：

```
public Object LoadAsset(string name);
```

#### 2. AssetBundle.LoadAssetAsync

执行方法类似上面介绍的 AssetBundle.LoadAsset，但是不会在加载资源的时候阻碍主线程，定义如下：

```
public AssetBundleRequestLoadAssetAsync(string name);
```

#### 3. AssetBundle.LoadAllAssets

加载 AssetBundle 中包含的所有资源对象，并且和 AssetBundle.Load 一样，可以通过对象类型来过滤此资源，定义如下：

```
public Object[] LoadAllAssets(Type type);
```

### 11.4.2 AssetBundle 卸载

我们需要使用 AssetBundle.Unload 方法来卸载 AssetBundle 创建出的对象，使用方法如下。

（1）AssetBundle.Unload（false）：释放 AssetBundle 文件内存镜像，但不销毁已经加载好的 Assets 对象。

（2）AssetBundle.Unload（true）：释放 AssetBundle 文件内存镜像同时销毁所有已经加

载的 Assets 对象。

### 动手操作：加载和卸载 AssetBundle

**1** 创建 C# 脚本文件，重命名为 LoadAssetBundle，脚本如下：

```csharp
using System;
using UnityEngine;
using System.Collections;

public class LoadAssetBundle : MonoBehaviour
{
    public string url;
    IEnumerator Start()
    {
        while (! Caching.ready)
            yield return null;

        WWW www = WWW.LoadFromCacheOrDownload(url, 1);
        yield return www;
        AssetBundle bundle = www.assetBundle;
        AssetBundleRequest request = bundle.LoadAssetAsync("cow", typeof(GameObject));
        yield return request;
        GameObject obj = request.asset as GameObject;
        bundle.Unload(false);
        www.Dispose();
    }
}
```

**2** 运行游戏，加载完资源后成功显示出模型，如图 11.10 所示，特别注意加载 AssetBundle 的游戏对象名称后面会自动加上（Clone）。

图 11.10

# 第12章

## 跨平台发布

## 12.1 平台发布设置

游戏制作完毕后，需要进行平台打包才能最终发布。Unity 最大的特点就是一次开发就可以部署到目前所有主流的游戏平台，节省了大量的时间和精力，提高了工作效率。

Unity 支持的发布平台有不少，而且数量一直不断增长，如图 12.1 所示。本章主要介绍的是 Standalone（Windows、Mac 和 Linux）、Android、iOS 和 WebGL。

图 12.1

选择菜单 File（文件）→ Build Settings（发布设置）命令，打开 Build Settings（发布设置）对话框，如图 12.2 所示。

图 12.2

此对话框有两大板块，分别是 Scenes In Build（发布包含的场景）、Platform（发布平台）。

### 1. Scenes In Build

第一次打开 Build Settings（发布设置）对话框的时候，场景列表还是空白的。可以使用 Add Open Scenes（添加要发布的场景）按钮来添加场景，或者从 Project 项目视图的 Scene 场景文件拖曳到列表里。场景列表中的数字就是运行的时候被加载的顺序，0 表示第一个加载的场景，可以通过上移和下移来调整顺序。

### 2. Platform

"平台"模块在 Scenes In Build 的下方，列了出 Unity 版本支持发布的目标平台。如果需要改变目标平台，在选择好平台之后单击 Switch Platform（转换平台）按钮来应用更改。切换过程需要一定时间，原因是有些素材需要被重新导入成新的目标平台可以使用的格式。当前被选中的平台的名称右侧会出现 Unity 的小图标作为标识。

选中的平台会有一系列选项可以用来设置并发布的流程。每个平台的选项参数是不同的，详细见后面的几节。

## 12.2 发布单机版游戏

所有游戏的基本信息都是通过 Player Settings（玩家设置）设置的，在 Build Settings（发布设置）对话框中单击 Player Settings（玩家设置）按钮，此时会在 Inspector 检视视图中显示 Player Settings（玩家设置）设置面板，如图 12.3 所示，针对要发布的平台做相应的参数设置。

面板下方有四大类别，分别是 Resolution and Presentation（分辨率与描述）、Icon（默认图标）、Splash Image（项目启动画面）和 Other Settings（其他设置）。

- Resolution and Presentation（分辨率与描述）：包含了分辨率、背景设定以及 Windows、Mac 的专用设定。
- Icon（默认图标）：设定的是图标，就是发布完成后，电脑中执行文件的图标，默认是 Unity 标志。
- Splash Image（项目启动画面）：对话框窗口的背景图片，最佳尺寸大小是 432×168，其他尺寸大小会自动缩放，若差异太大会造成变形。
- Other Settings（其他设置）：包括渲染设

图 12.3

置、性能配置和优化设置。

Standalone 的 Player Settings 面板中常用的参数含义如表 12.1 所示。

表 12.1

| Resolution and Presentation（分辨率与描述） | |
| --- | --- |
| Default is Full Screen（是否默认全屏） | 勾选此项，运行游戏时启动全屏模式 |
| Default Is Native Resolution（是否默认原始分辨率） | 勾选此项，游戏使用目标机器的默认分辨率 |
| Default Screen Width（默认屏幕宽度） | 屏幕宽度 |
| Default Screen Height（默认屏幕高度） | 屏幕高度 |
| Run in background（后台运行） | 播放器失去焦点时是否停止运行 |
| Display Resolution Dialog（显示分辨率对话框） | 显示分辨率对话框 |
| Resizable Window（可调大小的窗口） | 调整桌面播放器窗口的大小 |
| Mac Fullscreen Mode（Mac 全屏模式） | Mac 全屏模式 |
| Supported Aspect Ratios（支持显示比例） | 启动对话框时出现的的各个分辨率 |

发布完 Windows 平台后，文件夹里会出现两个文件，一个是游戏 exe 的执行文件，另一个是游戏内容的资料档。

## 12.3 发布 Android 版游戏

Android（安卓），是 Google 公司发布的以 Linux 为基础的开放源代码的操作系统，主要应用于移动设备、智能电视以及 GPS 导航等应用领域。随着时间的发展，Android 已经成为最受欢迎的开发平台。2014 年年底，Google 官方推出了新的开发工具 Android Studio，并移除了旧版 Eclipse，如图 12.4 所示。

图 12.4

Android Studio 是基于 IntelliJ IDEA 开发而成的，开发者可以非常方便高度匹配 Android 应用程序。在发布 Android 项目之前，我们必须做 4 个步骤：Java SDK 的环境配置、安装 Android Studio、Unity 配置 Android 和发布 Android。

**动手操作：Java SDK 的环境配置**

**1** 前往 ORACLE 官方网站下载 Java SE Development Kit 8 并安装，如图 12.5 所示，本节以 Java SE Development Kit 8u111（Windows x64）为例。

❷安装成功 JDK 后，在"我的电脑（计算机）"上单击鼠标右键，在弹出的菜单中选择"属性"命令，弹出对话框后依次单击"高级系统设置"/"环境变量"，弹出 Environment Variables（环境变量）对话框，如图 12.6 所示。

图 12.5

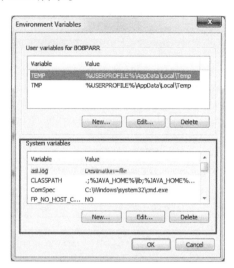

图 12.6

❸对 System variables（系统变量）进行配置，如果系统变量存在，单击 Edit（编辑）按钮，不存在的单击 New（新建）按钮，配置如下：JAVA_HOME：JDK 所在的安装路径，例如 C:\ Program Files \ Java \ jdk1.8.0_111。

- CLASSPATH：设置其值为 ".；%JAVA_HOME% \ lib；%JAVA_HOME% \ lib \ tools.jar"（注意前面的点和中间的分号）。

- Path：设置其值为 "；%JAVA_HOME% \ bin；"（注意前面的分号）。

❹环境变量配置完成后，打开系统命令提示符，在 DOS 命令行状态下输入 javac 命令，如果显示和 Java 有关的内容，则配置成功，如图 12.7 所示。

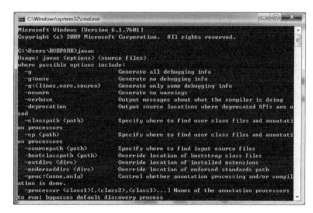

图 12.7

**动手操作：安装 Android Studio**

❶在 Android Developers 官方网站下载并安装 Android Studio 开发工具，本节以 Android Studio 2.3 为例，如图 12.8 所示。

图 12.8

②安装完成后，启动 Android Studio，如图 12.9 所示。

③单击对话框右下角的 Configure（配置）按钮，在弹出的菜单中单击 SDK Manager（SDK 管理），弹出 Default Settings（默认设置）对话框，如图 12.10 所示。

图 12.9

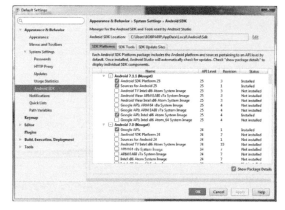
图 12.10

④开发者根据发布的 Android 系统来下载并安装，本节以 Android 7.1.1 为例，看到 Android SDK 右边的 Status 出现 Installed 字样，说明安装成功。

**动手操作：配置 Unity**

①打开 Unity，选择菜单 Edit（编辑）→ Preferences（首选项）命令，打开 Unity Preferences（Unity 首选项）对话框，并选择 External Tools（外部工具）选项，如图 12.11 所示。

②定位 Android SDK 和 JDK 所在的路径，使 Unity 与 Android SDK 进行关联，如图 12.12 所示。

- SDK：参考如图 12.10 最上面的 Android SDK Location 路径。
- JDK：JDK 所在的安装路径。

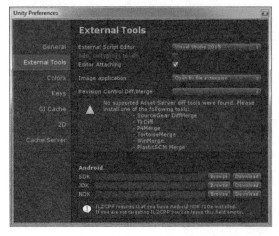
图 12.11　　　　　　　　　　图 12.12

### 动手操作：发布 Android 版

❶ 选择菜单 File（文件）→ Build Settings（发布设置）命令，打开 Build Settings（发布设置）对话框，并选择 Android 平台，单击 Switch Platform（转换平台）按钮，如图 12.13 所示。

❷ 单击 Player Settings（玩家设置）按钮，此时会在 Inspector 检视视图中显示 Player Settings（玩家设置）设置面板，里面有几个重要的设定需要我们修改，如下。

- Company Name：公司名称（英文）。
- Product Name：应用程序名称（英文）。

图 12.13

- Default Icon：应用程序的 Icon 图标，常规大小为 192×192。
- Default Orientation：打开应用程序默认的方向。

其余的参数根据工程项目情况来设置。

❸ 在 Build Setting（发布设置）对话框单击 Build（生成）按钮，就开始发布 apk 文件。
❹ 发布成功后，将 .apk 文件直接部署到 Android 系统的手机，就可以查看运行效果了。

## 12.4 发布 iOS 版游戏

iOS 是由 Apple 公司开发的苹果移动设备操作系统，最早于 2007 年 1 月 9 日在 MacWorld 大会上公布的系统，当时由于只有一个 iPhone，所以全称是 iPhone OS。后来随着 iPad、iPod 等新设备的出现，2010 年 6 月，Apple 公司将 "iPhone OS" 更名为 "iOS"。经历了近 10 个年头，苹果系统 iOS 10 于 2016 年 6 月正式亮相。iOS 10 以非同寻常的个性化方式和强大功能，成为不少人爱不释手的操作系统，如图 12.14 所示。

图 12.14

XCode 是 Apple 公司所开发专门用来设计 Mac OS 应用程序以及 iOS 的整合开发环境。发布 iOS 应用程序需要使用 Mac OS X 操作系统，并且下载并安装 XCode 开发工具，才能顺利生成和发布 iOS 应用程序。

### 动手操作：安装 XCode

**1** 在 Mac OS X 系统上，单击 App Store 图标，如图 12.15 所示。

图 12.15

**2** 通过搜索功能找出 XCode，并单击下载，如图 12.16 所示。

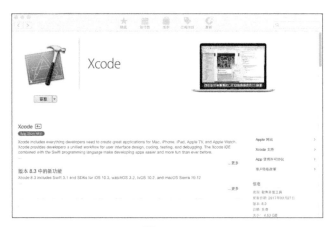

图 12.16

**3** 下载安装完毕后，启动 XCode，如图 12.17 所示。

图 12.17

### 动手操作：发布 iOS 版

**1** 选择菜单 File（文件）→ Build Settings（发布设置）命令，打开 Build Settings（发布设置）对话框，并选择 iOS 平台，单击 Switch Platform（转换平台）按钮，如图 12.18

所示。

**2** 单击 Player Settings（玩家设置）按钮，此时会在 Inspector 检视视图中显示 Player Settings（玩家设置）设置面板，里面有几个重要的设定需要我们修改，如下。

- Company Name：公司名称（英文）。
- Product Name：应用程序名称（英文）。
- Default Icon：应用程序的 Icon 图标，常规大小为 192×192。
- Default Orientation：打开应用程序默认的方向。

图 12.18

其余的参数根据工程项目情况来设置。

**3** 在 Build Setting（发布设置）对话框单击 Build（生成）按钮，就开始发布 XCode 工程文件。

**4** 如果申请了苹果个人开发者证书，双击 .xcodeproj 文件来打开 XCode，在 Build Settings（发布设置）选项中设置 Code Signing（代码签名）属性，选择对应的苹果个人开发者证书，单击 Run（运行）按钮就能编译工程，然后自动安装并运行在指定 iOS 设备上。

## 12.5　发布 WebGL

由于浏览器厂商逐渐不再支持 NPAPI 插件，Unity 官方公司已宣布从 Unity 5.4 开始，不再支持 Unity Web Player 插件，由 WebGL 这项新技术取而代之。WebGL 的全名是 Web Graphics Library，用来在 Web 上生成三维图形效果的应用编程接口，也是基于 OpenGL ES 2.0 的一种新 API，在 Firefox、Safari 和 Chrome 浏览器已经得到了很好的支持。与 UnityWebPlayer 相比，WebGL 无需安装插件就能运行，越来越多的游戏可以直接运行在 WebGL 网页上。

WebGL 的 Player Settings 面板中常用的参数含义如表 12.2 所示：

表 12.2

| Resolution and Presentation（分辨率与描述） | |
| --- | --- |
| Default Screen Width（默认屏幕宽度） | 屏幕宽度，默认为 960 |
| Default Screen Height（默认屏幕高度） | 屏幕高度，默认为 600 |

续表

| Run in background（后台运行） | 播放器失去焦点时是否停止运行 |
|---|---|
| Publishing Settings（发布设置） | |
| WebGL Memory Size（WebGL 内存大小） | 指定 WebGL 运行时可用内存的大小，默认为 256MB |
| Enable Exceptions（启用异常） | WebGL 启用异常捕获 |
| Data caching（数据缓存） | 在用户机器上自动缓存下载本地资源来略过长时间等待 |

**动手操作：发布 WebGL**

**1** 选择菜单 File（文件）→ Build Settings（发布设置）命令，打开 Build Settings（发布设置）对话框，并选择 WebGL 平台，单击 Switch Platform（转换平台）按钮，如图 12.19 所示。

图 12.19

**2** 单击 Player Settings（玩家设置）按钮，此时会在 Inspector 检视视图中显示 Player Settings（玩家设置）设置面板，设置与发布相关的参数。

**3** 在 Build Setting（发布设置）对话框单击 Build（生成）按钮，就开始发布 WebGL。

**4** 发布后，双击文件夹下的 index.html 文件，就能在浏览器中运行，如图 12.20 所示。

图 12.20

目前，大部分浏览器已经支持 WebGL，但是，不同浏览器之间的支持效果和性能消耗是不同的。今后，更多的主流浏览器会支持 WebGL，移动端的浏览器也会逐渐完善。下面列出了桌面浏览器兼容性，如表 12.3 所示。

表 12.3

|  | Firefox 42 | Chrome 46 | Safari 9.0 | IE 11 | Edge |
|---|---|---|---|---|---|
| WebGL 支持 | √ | √ | √ | √ | √ |
| WebGL 音频 | √ | √ | √ | × | √ |
| WebGL 全屏 | √ | √ | × | √ | √ |

注：Chrome 浏览器需要手动开启 WebGL 才能运行。

Unity WebGL 遇到的最大问题之一就是，浏览器在尝试运行 Unity WebGL 内容时会消耗大量的内存。WebGL 内存过小，浏览器运行比较卡；内存过大，浏览器会发生崩溃。所以，建议 WebGL Memory Size 保持 512MB 以下，也可以使用内存分析器来分析实际所需的内存大小，然后根据结果来改变 WebGL Memory Size。减少 WebGL 平台内存消耗的最佳方法之一是使用 Asset Bundles，使用方法请翻到第 11 章。

另外，WebGL 值得注意的几个问题如下。

- WebGL 字体默认为 Arial，不支持本地中文字体，需要导入字体到 Unity 工程项目里。
- 发布后的 WebGL 里面的 Input Field 只输入英文，但无法输入中文或者日文。前往 Asset Store 下载免费插件——IME input for Unity WebGL，如图 12.21 所示。

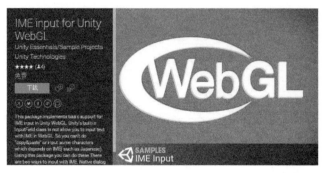

图 12.21

- WebGL 不支持 MovieTexture,需要通过 HTML5 video 元素来实现,前往 Asset Store 下载免费插件——Simple MovieTextures for Unity WebGL,如图 12.22 所示。

图 12.22

- 运行的时候提示内存溢出的信息,如图 12.23 所示,在这种情况下只能优化项目,就是减少代码和数据的大小。

图 12.23

## 12.6 发布虚拟现实平台

提到"虚拟现实"一词,大家应该不会陌生,脑海里浮现的第一个画面就是头盔。那么它真正的概念到底是什么?虚拟现实主要是以计算机为主要技术,通过计算机以及某些特殊的输入设备、输出设备,来构建出"看上去像是真的、听上去像是真的、摸上去也像是真的,闻上去也似真的、吃到嘴也像是真的"这种多感官的三维虚拟现实世界。

随着科技迅速发展，2016 年的虚拟现实头盔销售量非常惊人。Unity 从 5.1 版本就开始提供了对虚拟现实的开发支持。截止至 5.6，目前提供了本地支持：Oculus、HTC Vive、PlayStation VR、DayDream 和 Gear VR，如图 12.24 所示。Unity 对大量的虚拟现实设备提供了 built-in 的技术支持。

图 12.24

Unity 中 VR 开发的硬件和软件建议如下。

硬件：开发虚拟现实应用程序，需要在一定的配置要求下才能够运行，例如显卡推荐 NVIDIA GTX 970。为了得到良好的体验，必须与使用的显示器的刷新率相匹配，否则会让人头晕不适。下面如表 12.4 所示是 VR 设备的刷新率。

表 12.4

| VR 设备 | 刷新率 |
| --- | --- |
| Oculus CV1 | 90 Hz |
| Gear VR | 60 Hz |
| HTC Vive | 90 Hz |

软件：

Windows：Windows 7、8、10。

Android：Android OS Lollipop 5.1 或更高版本。

Mac：Mac OSX 10.9 或更高版本，注意系统必须带有 Oculus 0.5.0.1 runtime。

### 动手操作：发布 Oculus 平台

❶选择菜单 File（文件）→ Build Settings（发布设置）命令，打开 Build Settings（发布设置）对话框，并选择 Standalone（单机）平台，单击 Switch Platform（转换平台）按钮，如图 12.25 所示。

❷单击 Player Settings（玩家设置）按钮，此时会在 Inspector 检视视图中显示 Player Settings（玩家设置）设置面板。

❸勾选 Other Settings（其他设置）选项下的 Virtual Reality Supported（支持虚拟现实）。

图 12.25

④ 在 Virtual Reality SDKs（虚拟现实 SDK）列表中选择 Oculus 平台，如图 12.26 所示。

图 12.26

⑤ 在 Player Setting（玩家设置）对话框单击 Build（生成）按钮，就开始发布含有 Oculus 虚拟现实的 Windows 平台。

⑥ 戴上眼镜头盔并运行游戏。

# 第13章

# Unity Services
（Unity 服务）

## 13.1 Unity Services（Unity 服务）介绍

Unity 不仅仅是一个游戏引擎，也提供了一系列服务，可应用于创建游戏，提高效率，为你的游戏提供世界级的盈利、制作和改进服务，面板如图 13.1 所示。

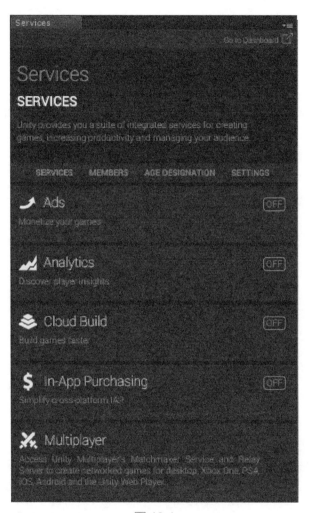

图 13.1

特别注意的是开发者必须拥有一个 Unity ID，才能开始使用 Unity Serivces。若没有 Unity ID，可以在 http://id.unity.com/ 进行注册，如图 13.2 所示。注册成功后，到邮件里单击验证邮件就能使用了。

开发者需要使用 Unity 控制面板来创建和管理游戏，网址为 https://dashboard.unityads.unity3d.com，如图 13.3 所示。首页大致分为 3 个区域，从上到下分别是功能切换区、游戏报表区和项目列表区。

第 13 章 Unity Services（Unity 服务） 241

图 13.2

- 功能切换区：包括项目、报表、测试设备、API Key 和计账。开发者通过此区域来切换不同的功能。
- 游戏报表区：开发者根据最近 1 天、最近 7 天或最近 30 天来观察游戏这段时间的发生数据。
- 项目列表区：查看各个项目的明细以及进行相应的设置。

图 13.3

动手操作：在Unity开发者控制面板创建项目

1 登录网址 https://dashboard.unityads.unity3d.com，并进入 Unity 控制面板。

② 在控制面板右下角处单击 Add new project（添加新工程项目）按钮，如图 13.4 所示。

图 13.4

③ 在 Project name（项目名称）中输入项目名称，然后在 Select Platforms（选择平台）中选择平台，被选中的时候会出现高亮，最后单击"Continue（继续）"按钮，如图 13.5 所示。

图 13.5

④ 跳转到说明页，并单击"OK，Got it！"按钮，如图 13.6 所示。

图 13.6

⑤ 看到项目列表中出现自己创建的名称，即完成创建项目，如图 13.7 所示。

图 13.7

## 13.2 Unity Ads（Unity 广告）

Unity 提供的 Unity Ads（Unity 广告）服务是可以帮助吸引货币化的玩家基地。玩家需要一个游戏中的提升，需要观看一段短视频，即可换取游戏货币、额外生命值或双倍积分等奖励，选择权掌握在玩家手中，从而激励玩家参与互动。Unity Ads（Unity 广告）广告服务设计与游戏自然地融为一体，能改善玩家游戏体验，这是一种双赢。

根据 Unity 官方网站可知，2016 年中国地区通过 Unity Ads（Unity 广告）获得收入的移动游戏超过 15000 个，中国开发者的收入增长 129%。从数据上来看，Unity Ads（Unity 广告）能给开发者和广告主带来了惊人收益和效果。

Unity Ads（Unity 广告）只支持 Android 2.3 之后的版本和 iOS 6 以上版本的平台，下面我们来学习如何使用 Unity Ads（Unity 广告）。

**动手操作：使用 Unity Ads（Unity 广告）**

① 选择菜单 Window（窗口）→ Services（服务）命令，打开 Unity Service（Unity 服务）视图面板，如图 13.8 所示。

图 13.8

② 单击 Ads 选项最右边的 OFF 按钮，单击后变成 ON 按钮，如图 13.9 所示。

图 13.9

③ 创建 C# 脚本文件，重命名为 LoadAds，脚本如图 13.10 所示。

图 13.10

④ 将 LoadAds 脚本文件拖入到 Main Camera，如图 13.11 所示。

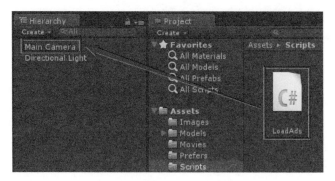

图 13.11

⑤ 运行游戏，出现 Unity 默认的广告，如图 13.12 所示。

图 13.12

## 13.3　Unity Analytics（Unity 数据分析）

Unity Analytics（Unity 数据分析）是一个简单而强大的数据平台，可帮助你快捷简便地浏览游戏中的重要数据信息，从而帮助你改善游戏盈利策略及玩家用户体验，面板如图 13.13 所示。

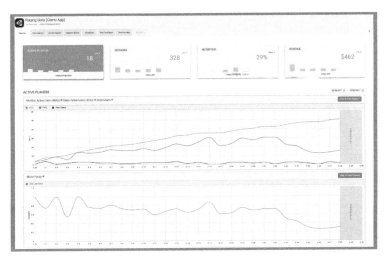

图 13.13

主要功能有 5 种，分别是控制面板、UNITY IAP、实时数据、热点图和原始数据导出。以下都是支持的平台：

- iOS
- Android
- Windows Phone 8.1
- Windows Store 8.1（Desktop）
- Windows Store 10.0（Desktop）
- Mac，PC，Linux Standalone
- WebGL-5.3 integration and onwards

动手操作：使用 Unity Analytics（Unity 数据分析）

① 选择菜单 Window（窗口）→ Service（服务）命令，打开 Service 服务视图面板，如图 13.14 所示。

② 单击 Analytics（数据分析）选项最右边的 OFF 按钮，单击后变成 ON 按钮，如图 13.15 所示。

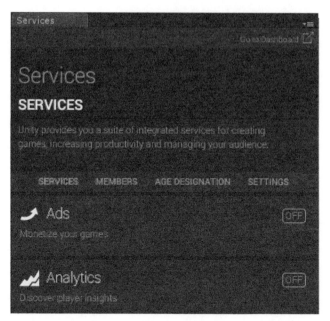

图 13.14

图 13.15

③单击"Go to Dashboard（前往控制台）"按钮，如图 13.16 所示，进入 Unity 控制面板。

图 13.16

④打开浏览器的时候，就会看到 Unity Analytics（Unity 数据分析）控制面板里面的 3 个标题：Overview（概述）、Basic Integration for 5.2 onwards（5.2 之前版本的基本集成）和 Advanced Integration（高级集成），在下面直接单击"Next（下一步）"按钮，如图 13.17 所示。

图 13.17

**5** 直到 PLAY TO VALIDATE（发挥验证）这一页的时候，在 Unity Editor 编辑器运行的时候，Validate Test Data（验证测试数据）出现了信息，说明连接成功，如图 13.18 所示。表中包含一个 appStart 事件的表，其中包含日期和时间，以及当前的编辑器平台和版本号。

注意：Unity Editor 编辑器和 Unity 控制面板的 UPID 必须绝对一致。

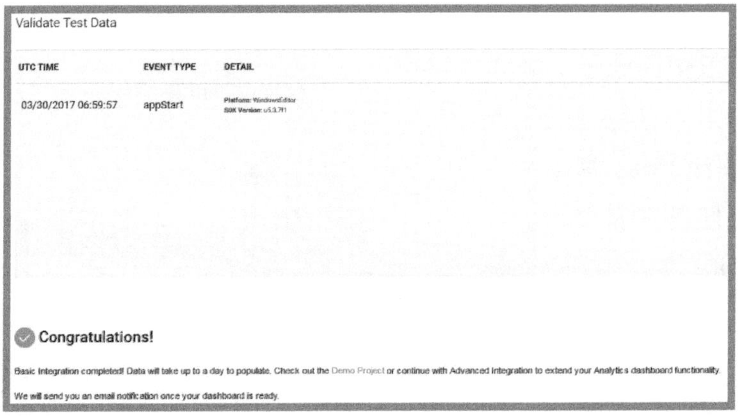

图 13.18

## 13.4　Unity Certified（Unity 认证）

　　Unity 官方认证开发者考试的目的是提供一个 Unity 基础技能凭证，除了广度，它同样还有深度。我们收到的反馈是，即使是对那些有一定经验的开发者，这也是一个极具挑战性的考试，及格分可以很好地表明此人具有成功使用 Unity 开发游戏所必需的核心技能。

　　它为各个水平级别的开发者提供了一个挑战自己的机会，也测试了他们对于游戏制作过程的了解程度。在考试结束后会立即给出结果并且分主题显示结果，除了最终分数以外，他们还可以看到针对不同主题的结果分析，这样他们可以了解哪些掌握得很好，哪些需要提高。

　　Unity 开发者认证考试包含了使用 Unity 开发视频游戏的基本技能。该考试由 20 个不同主题的 100 个问题组成，目的是评估应试者对于游戏开发过程所需知识的综合理解情况，如图 13.19 所示。想详细了解考试所包含的各主题概要，请参考 Unity 官方的 Unity 开发者认证考试大纲。

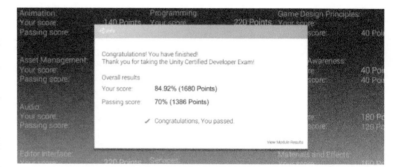

图 13.19

　　本书作者于 2016 年 7 月 31 日在上海参加 Unity 认证考试，证书如图 13.20 所示。考试通过后，不仅获得电子版证书，而且个人信息也会被收录在全球在线 Unity 官方认证系统，以便潜在雇主可以实时查询认证。

图 13.20

## 13.5  Unity Cloud Build（Unity 云构建）

Unity Cloud Build 云构建是 Unity 为全球开发者提供的一项重要服务，主要帮助开发者将 Unity 项目的构建托管至云端，并轻松共享给团队其他成员，而且会自动编译、部署和测试游戏，是一种非常方便的服务工具。

Unity Cloud Build 云构建可支持多种目标平台，包括 PC 平台、网页平台以及移动设备平台 Android、iOS 等。

目前 Unity 云构建计划包含如下四种。

（1）FREE：适合初学者制作移动端游戏，拥有 1GB 回购限制且集成了 Git 和 SVN，但两次云构建之间最少等待 60 分钟。

（2）PRO：适合独立开发者和小型团队，拥有 2GB 回购限制，最多可以有 5 个合作开发者，两次云构建之间最少等待 30 分钟，费用为每个月 25 美元。

（3）STUDIO：适合游戏公司、专业开发人员和构建工程师，拥有 5GB 回购限制，最多可以有 20 个合作开发者，两次云构建之间最少等待 5 分钟，费用为每个月 100 美元。

（4）ENTERPRISE：适合大公司、大团队和需要构建复杂场景的团队或公司，没有回购空间限制，不限制合作开发者的数量，对于其他需要的功能可以定制集成，费用需要与 Unity 联络定价。

Unity Cloud Build（Unity 云构建）允许为多个平台和操作系统来发布 Unity 项目，目前包括支持的平台如图 13.21 所示。

图 13.21

## 13.6  Unity Collaborate（Unity 协同服务）

Unity Collaborate 协同服务是小型团队保存、共享及同步 Unity 项目最简便的办法。无关地理位置和项目角色，其云托管和易用性保证整个团队都能有所贡献。目前处于开放测试版本，可支持最多 15 名成员的团队。特别注意的是 Collaborate 开放测试版仅在 5.5 中提供。

若想开始使用 Unity 合作组，首先要把游戏关联到 Unity 服务项目 ID（Unity Services Project ID）。Unity 服务项目 ID 是一个联机标记，在所有的 Unity 服务（分析、合作组、云编译等）中广泛使用。这个 ID 既可以在 Services 服务视图里面创建，也可以在 Unity Services 网站上创建。

### 动手操作：使用 Unity Collaborate

❶ 选择菜单 Window（窗口）→ Services（服务），打开 Services（服务）视图，把项目关联到 Unity 服务项目 ID，如图 13.22 所示。

❷ 在工具条中选择 Collab（合作组）并单击"Start Now（现在开始）"按钮，如图 13.23 所示。

❸ 打开合作组之后，写下首次消息，单击"Publish now！（现在发布！）"就能提交发布文件，这些文件会保存在云中并能够被团队成员所共享，如图 13.24 所示。

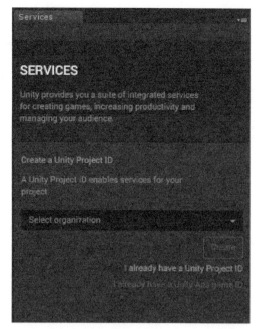

图 13.22

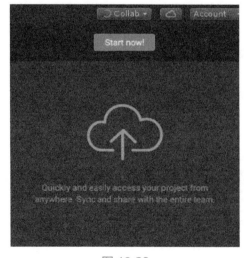

图 13.23

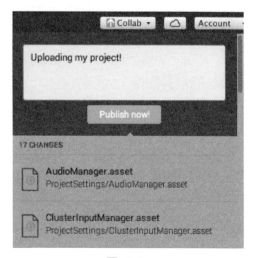

图 13.24

## 13.7　Unity IAP（Unity 应用程序内置购买）

Unity IAP（Unity 应用程序内置购买）可以帮你在应用中轻松加入支持各大热门应用商店的应用内购功能，适用于 iOS、Mac、Google Play、Windows 以及其他应用商城，如图 13.25 所示。

图 13.25

### 动手操作：使用 Unity IAP

1️⃣ 选择菜单 Window（窗口）→ Services（服务）命令，打开 Service 服务视图面板，并单击 In-App Purchasing（应用程序内置购买），如图 13.26 所示。

2️⃣ 打开 In-App Purchasing（应用程序内置购买）窗口，单击"Enable（开启）"按钮，如图 13.27 所示。

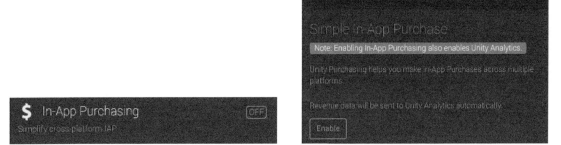

图 13.26　　　　　　　　　　　图 13.27

3️⃣ 单击"Import（导入）"按钮，将 Unity IAP 包导入项目中。在导入过程中弹出对话框提示是否安装，如图 13.28 所示，单击 Install Now 按钮直接安装。这样，工程项目多了一个 Plugin 文件夹，里面包含了 Unity IAP 的资源。

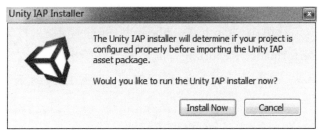

图 13.28

4️⃣ 使用的时候，确保 Analytics（数据分析）服务开启，这样就可以将 Unity 应用内置购买整合进你的项目了。

## 13.8　Unity Performance Reporting（Unity 性能报告）

Unity Performance Reporting（Unity 性能报告）捕获和收集异常情况数据，让你知道运行期间发生的事情并快速优化项目。完成发布后运行游戏的时候，异常情况数据会更新 Services Dashboard（服务控制台）。

**动手操作：使用 Unity Performance Reporting**

① 选择菜单 Window（窗口）→ Services（服务）命令，打开 Service 服务视图面板，并单击 Performance Reporting（性能报告），如图 13.29 所示。

② 点击 Optimize game performance 旁的滑块来激活服务，如图 13.30 所示。

图 13.29

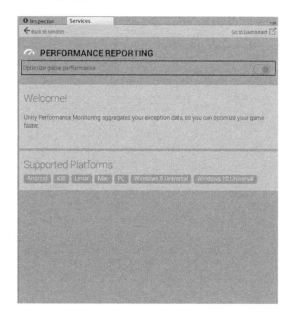

图 13.30

③ 单击"Go to Dashboard（前往控制台）"按钮，进入 Unity 控制面板，然后单击 Performance Reporting，就能看到性能报告。

注意：Unity 个人版无法使用此功能，如图 13.31 所示，需要购买 Plus 或 Pro 才能使用。

图 13.31

# 第 14 章

## Unity 综合案例 ——炸弹人（双人战）

## 14.1 游戏介绍

一提起熟悉的炸弹人,勾起了我们对纯真童年的回忆,也是红白机上的一款非常古老而又经典的游戏,如图 14.1 所示。小时候我们玩红白机的时候,总愿意和自己的朋友来一场炸弹人大战,受到了许多玩家的喜爱。随着时间的推移,不少公司已经制作出模仿经典红白机游戏炸弹人的《泡泡堂》和《弹珠人》。

图 14.1

炸弹人就是一个机器人使用放置炸弹的方法来炸死从外面星球侵入的怪物并寻找每局隐藏在墙里的暗门来过关,一旦不小心炸出了暗门,反而出来一大堆怪物。每个游戏关卡都有一定的时间限制,一旦时间耗尽了,出现比较难对付的怪物,结果不但消灭不完,反而把自己让怪物给吃了,那个时期还是很受广大玩家欢迎的,如图 14.2 所示。

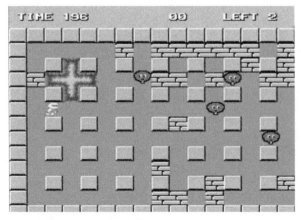

图 14.2

下面我们利用学过的 Unity 基础知识来制作双人战式的炸弹人游戏，相信每一位开发者都会通过本章得到意想不到的收获，而且带来了无穷的乐趣。

## 14.2　建立项目及准备素材

打开 Unity 5.6，出现项目对话框，在对话框右上角选择 NEW PROJECT 进入新项目设定，在 Project Name 输入项目名称，本章项目名称为 BombMan，在 Location 选择路径，特别注意的是路经只允许英文名称路径，不可以出现中文名称，然后选择 3D，最后单击 Create project 蓝色按钮，就开始创建项目，如图 14.3 所示。

图 14.3

**素材列表**

在下载目录里的 Unity 第十四章文件夹，包括所有游戏需要的资源，复制到工程文件夹。

（1）Models 文件夹：3D 模型，都是由 3ds Max 软件制作，输出格式为 FBX 类型，一共 2 个模型：炮弹和炸弹人，如图 14.4 所示。

（2）Images 文件夹：UI 图片，主要以 Adobe Photoshop 软件制作，输出格式为 PNG 类型，一共 3 个图片：红方胜利、蓝方胜利和失败，如图 14.5 所示。

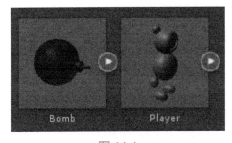

图 14.4

图 14.5

（3）Prefabs 文件夹：已经制作好的预制体，方便大家导入，一共 4 个预制体：炮弹、爆炸效果、红色炸弹人和蓝色炸弹人，如图 14.6 所示。

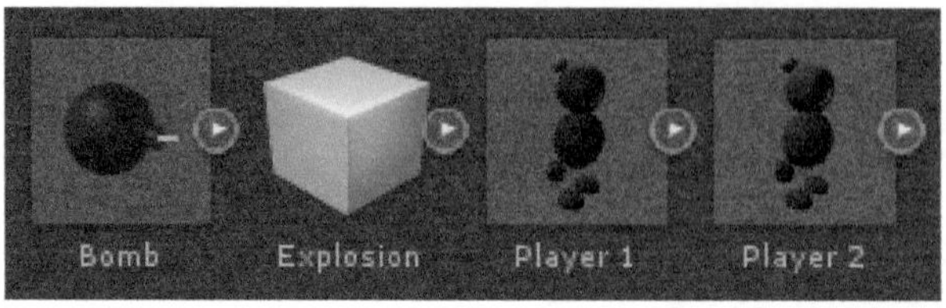

图 14.6

（4）Textures 文件夹：2D 贴图，主要以 Adobe Photoshop 软件制作，输出格式为 JPG 和 PNG 类型，一共 5 个图片：石砖、两种不同颜色的草地、外墙和内墙壁，如图 14.7 所示。

图 14.7

（5）Sounds 文件夹：游戏音乐和音效，一共 3 个音频。

## 14.3 场景搭建

场景搭建主要是针对游戏地图、灯光、天空盒等环境因素的设置。通过本节学习，开发者将会了解如何构建出一个基本的游戏世界。接下来将具体介绍场景的搭建步骤。

① 选择菜单 File（文件）→ New Scene（新建场景）命令，新建一个场景。

② 选择菜单 File（文件）→ Save Scene（保存场景）命令，在保存对话框中将目前的场景命名为 LevelOne，保存在 Scenes 文件夹下，如图 14.8 所示。

图 14.8

③ 选择菜单 GameObject（游戏对象）→ Create Empty（创建空对象）两次，分别命名

为 Map 和 Wall，创建两个空的游戏对象，如图 14.9 所示。

**4** 在 Hierarchy 层级视图选中 Map 空对象，在 Inspector 检视视图单击最右方的小齿轮按钮上，并单击 Reset 按钮，这样会把 Map 重置为零，Wall 同理，如图 14.10 所示。

图 14.9

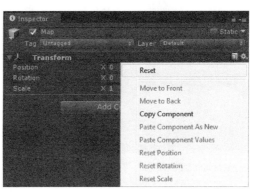

图 14.10

提示：创建空对象或者新物体后，建议最好都先将空对象或新物体设定到世界位置的原点，再设置到场景摆放位置，减少开发系统位置出现发生错乱的问题。

**5** 选择菜单 GameObject（选择）→Cube（立方体），重命名为 Block，然后将 Position 的 z 改为 -5，如图 14.11 所示。

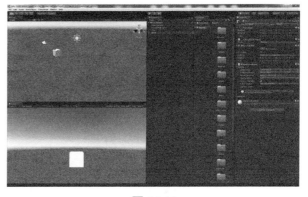

图 14.11

**6** 按下【Ctrl+D】快捷键，将 Cube 一个一个地复制，排列位置，将创建好的所有 Cube 全部拖到 Wall 里面，如图 14.12 所示。

**7** 接下来用 Cube 来创建土地、石块和墙，方法同 **5**~**6**，注意土地的 Position 的 y 改为 -1，石块的 Position 的 y 改为 1，墙的 Position 保持不变，如图 14.13 所示。

图 14.12

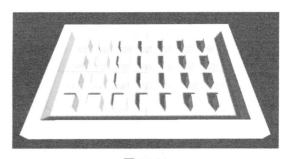

图 14.13

**8** 在 Project 项目视图里面的 Materials 创建五个材质，分别给它们重命名为 BlockA、BlockB、GroundA、GroundB 和 Wall，如图 14.14 所示。

⑨ 将 Textures 文件夹的纹理图片一个一个地对应到五个材质，并赋予到所有游戏对象，如图 14.15 所示。

图 14.14　　　　　　　　　　　　　图 14.15

⑩ 赋予后，场景里面的所有东西自动改变了材质，如图 14.16 所示。

图 14.16

## 14.4　用键盘控制炸弹人的行为

❶ 先隐藏 Wall 墙壁组，在 Project 项目视图下的 Assets/Prefabs 文件夹，将制作好的两个炸弹人拖入到场景里，分别放在左上角和右下角，如图 14.17 所示。

图 14.17

**2** 新建 C# 脚本文件，重命名为 **Player**，脚本如下：

```csharp
using UnityEngine;

public class Player : MonoBehaviour
{

    public float moveSpeed = 5f;
    public bool canDropBombs = true;
    public bool canMove = true;
    private int bombs = 2;

    private Rigidbody rigidBody;
    private Transform myTransform;
    private Animator animator;

    void Start()
    {
        rigidBody = GetComponent<Rigidbody>();
        myTransform = transform;
        animator = myTransform.FindChild("PlayerModel").GetComponent<Animator>();
    }

    void Update()
    {
        animator.SetBool("Walking", false);

        if (! canMove)
        {
            return;
        }

        PlayerAMovement();
    }
    private void PlayerAMovement()
    {
        if (Input.GetKey(KeyCode.W))
        {
            rigidBody.velocity = new Vector3(rigidBody.velocity.x, rigidBody.velocity.y, moveSpeed);
            myTransform.rotation = Quaternion.Euler(0, 0, 0);
            animator.SetBool("Walking", true);
        }

        if (Input.GetKey(KeyCode.A))
        {
```

```
            rigidBody.velocity = new Vector3(-moveSpeed, rigidBody.
velocity.y, rigidBody.velocity.z);
            myTransform.rotation = Quaternion.Euler(0, 270, 0);
            animator.SetBool("Walking", true);
        }

        if (Input.GetKey(KeyCode.S))
        {
            rigidBody.velocity = new Vector3(rigidBody.velocity.x,
rigidBody.velocity.y, -moveSpeed);
            myTransform.rotation = Quaternion.Euler(0, 180, 0);
            animator.SetBool("Walking", true);
        }

        if (Input.GetKey(KeyCode.D))
        {
            rigidBody.velocity = new Vector3(moveSpeed, rigidBody.velocity.y,
rigidBody.velocity.z);
            myTransform.rotation = Quaternion.Euler(0, 90, 0);
            animator.SetBool("Walking", true);
        }

    }
}
```

3 保存脚本，将 Player 脚本拖拽到 Player 1 游戏对象，如图 14.18 所示。

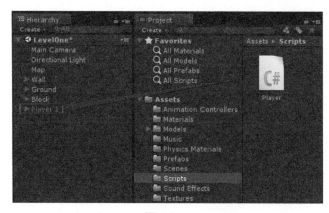

图 14.18

4 运行游戏，按下 W、S、A、D 键，就看到红色炸弹人的移动，如图 14.19 所示。

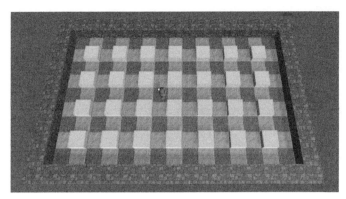

图 14.19

**5** 为了控制蓝色炸弹人，就在 PlayerAMovement（）下面添加一个函数，脚本如下：

```
private void PlayerBMovement()
{
    if (Input.GetKey(KeyCode.UpArrow))
    {
        rigidBody.velocity = new Vector3(rigidBody.velocity.x, rigidBody.velocity.y, moveSpeed);
        myTransform.rotation = Quaternion.Euler(0, 0, 0);
        animator.SetBool("Walking", true);
    }

    if (Input.GetKey(KeyCode.LeftArrow))
    {
        rigidBody.velocity = new Vector3(-moveSpeed, rigidBody.velocity.y, rigidBody.velocity.z);
        myTransform.rotation = Quaternion.Euler(0, 270, 0);
        animator.SetBool("Walking", true);
    }

    if (Input.GetKey(KeyCode.DownArrow))
    {
        rigidBody.velocity = new Vector3(rigidBody.velocity.x, rigidBody.velocity.y, -moveSpeed);
        myTransform.rotation = Quaternion.Euler(0, 180, 0);
        animator.SetBool("Walking", true);
    }

    if (Input.GetKey(KeyCode.RightArrow))
    {
        rigidBody.velocity = new Vector3(moveSpeed, rigidBody.velocity.y, rigidBody.velocity.z);
        myTransform.rotation = Quaternion.Euler(0, 90, 0);
        animator.SetBool("Walking", true);
```

```
    }

    if (canDropBombs && (Input.GetKeyDown(KeyCode.KeypadEnter) || Input.GetKeyDown(KeyCode.Return)))
    {
        DropBomb();
    }
}
```

⑥ 为了防止两个角色的键盘控制冲突,就在下面修改如下:

```
public class Player : MonoBehaviour
{
public int playerNumber = 1;
…// 之前的脚本仍然保留

void Update()
{
    animator.SetBool("Walking", false);

    if (! canMove)
    {
    return;
    }

    if (playerNumber == 1)
    {
    PlayerAMovement();
    }
    else
    {
        PlayerBMovement();
    }
}
}
```

⑦ 保存脚本,将 Player 脚本拖拽到 Player 2 游戏对象,并把 Player 1 和 Player 2 的 Player Number 分别改为 1 和 2,如图 14.20 所示。

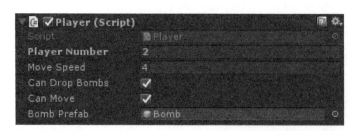

图 14.20

8 运行游戏，按下 W、S、A、D 键和方向键，就看到红色炸弹人和蓝色炸弹人受不同控制而移动，如图 14.21 所示。

图 14.21

## 14.5 投掷炸弹的交互制作

1 在上一节例子的基础上，隐藏蓝色炸弹人，并接着修改 Player.cs 脚本文件，脚本如下：

```
using UnityEngine;

public class Player : MonoBehaviour
{
    …// 之前的脚本仍然保留
    public GameObject bombPrefab;

    void Start()
    {
        …// 之前的脚本仍然保留
    }

    void Update()
    {
        …// 之前的脚本仍然保留
        if (canDropBombs && Input.GetKeyDown(KeyCode.Space))
        { //Drop bomb
            DropBomb();
        }

    }

    private void DropBomb()
```

```
        {
        if (bombPrefab)
        {
                Instantiate(bombPrefab, myTransform.position, bombPrefab.transform.rotation);
        }
    }
}
```

②在 Project 项目视图下的 Assets/Prefabs 文件夹里面的 Bomb（炸弹）拖曳到 Inspector 视图下 Player 脚本里的 Bomb Prefab，如图 14.22 所示。

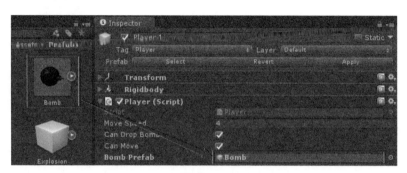

图 14.22

③运行游戏，按下空格出现炸弹，如图 14.23 所示。

图 14.23

④我们注意到投炸弹有一个小问题，就是炸弹投放位置比较随意，不与地板上的网格保持一致。我们将以下的脚本修改一下：

修改前：

```
Instantiate(bombPrefab, myTransform.position, bombPrefab.transform.rotation);
```

修改后：

```
Instantiate(bombPrefab,newVector3(Mathf.RoundToInt(myTransform.position.x),
bombPrefab.transform.position.y,Mathf.RoundToInt(myTransform.position.z)),
bombPrefab.transform.rotation);
```

5 运行游戏，按下空格的时候，发现投放的炸弹与地板上的网格保持一致，如图 14.24 所示。

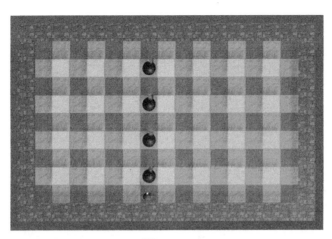

图 14.24

## 14.6 创建爆炸

1 新建 C# 脚本文件，重命名为 Bomb，脚本如下：

```
using UnityEngine;

public class Bomb : MonoBehaviour {

    public GameObject explosionPrefab;

    void Start () {
        Invoke("Explode", 3f);
    }

    void Update () {

    }

    void Explode()
    {
        Instantiate(explosionPrefab, transform.position, Quaternion.identity);

        GetComponent<MeshRenderer>().enabled = false;
        transform.FindChild("Collider").gameObject.SetActive(false);
        Destroy(gameObject, 0.3f);
    }
}
```

②将 Bomb 脚本文件拖拽到 Project 视图的 Assets/Prefabs 文件夹里的 Bomb，如图 14.25 所示。

③将 Project 视图的 Assets/Prefabs 文件夹里的 Explosion 拖曳到 Bomb 里的 Explosion Prefab，如图 14.26 所示。

图 14.25

图 14.26

④运行游戏，按下空格键，投放炸弹，过了几秒就发生爆炸，如图 14.27 所示。

图 14.27

## 14.7 让爆炸变得更大

①打开 Bomb 脚本文件，在上面添加变量声明，脚本如下：

```
public LayerMask levelMask;
```

②在 Explode（）函数里添加脚本，如下：

```
void Explode()
```

```
{
    …// 之前的脚本仍然保留
    StartCoroutine(CreateExplosions(Vector3.forward));
    StartCoroutine(CreateExplosions(Vector3.right));
    StartCoroutine(CreateExplosions(Vector3.back));
    StartCoroutine(CreateExplosions(Vector3.left));
}
```

③ 在 Explode（）下面添加脚本，脚本如下：

```
private IEnumerator CreateExplosions(Vector3 direction)
{
    for (int i = 1; i < 2; i++)
    {
        RaycastHit hit;
        Physics.Raycast(transform.position + new Vector3(0, .5f, 0), direction, out hit, i, levelMask);

        if (! hit.collider)
        {
            Instantiate(explosionPrefab, transform.position + (i * direction), explosionPrefab.transform.rotation);
        }
        else
        {
            break;
        }

        yield return new WaitForSeconds(.05f);
    }
}
```

④ 运行游戏，按下空格键投放炸弹，我们发现爆炸穿过砖头，如图 14.28 所示。

图 14.28

5️⃣ 在这种情况下，需要 LayerMask 来过滤掉这些砖块，这样爆炸就不会穿过砖头。在 Unity 编辑器右上角单击 Layers，弹出菜单并选择 Edit Layers…，如图 14.29 所示。

6️⃣ 在 User Layer 8 后面填写"Blocks"，如图 14.30 所示。

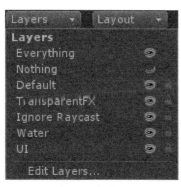

图 14.29

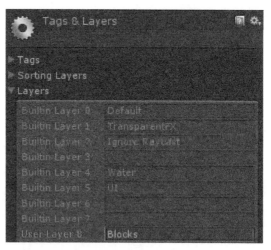

图 14.30

7️⃣ 在 Hierarchy 层级视图里面选中 Wall 和 Block，然后在 Layer 下拉并选中 Blocks，如图 14.31 所示。

8️⃣ 弹出对话框，单击"Yes，change children"按钮，如图 14.32 所示。

图 14.31

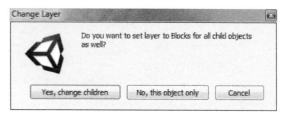

图 14.32

9️⃣ 在 Project 项目视图里面选择 Prefab 文件夹的 Bomb，然后在 Inspector 检视视图里面的 Bomb 脚本组件，单击 Level Mask 下拉并选择 Blocks，如图 14.33 所示。

🔟 运行游戏，按下空格键投放炸弹，爆炸后不会穿过墙壁，如图 14.34 所示。

图 14.33

图 14.34

## 14.8 连锁反应

**1** 打开 Bomb 脚本文件，在上面添加变量声明，脚本如下：

```
private bool exploded = false;
```

**2** 添加 OnTriggerEnter（）函数，脚本如下：

```
public void OnTriggerEnter(Collider other)
{
    if (! exploded && other.CompareTag("Explosion"))
    {
        CancelInvoke("Explode");
        Explode();
    }
}
```

**3** 在 Explode（）函数里添加脚本，如下：

```
void Explode()
{
…// 之前的脚本仍然保留
GetComponent<MeshRenderer>().enabled = false;
exploded = true;
transform.FindChild("Collider").gameObject.SetActive(false);
…// 之前的脚本仍然保留
}
```

**4** 运行游戏，当一枚炸弹爆炸的时候，触碰到另一个炸弹，另一个炸弹也跟着爆炸，如图 14.35 所示。

图 14.35

## 14.9 炸墙壁

**1** 打开 DestroySelf.cs 脚本文件，并在 Start（）函数添加脚本，脚本如下：

```
public void OnTriggerEnter(Collider other)
{
   if (other.CompareTag("Wall"))
   {
      Destroy(other.gameObject);
   }
}
```

**2** 显示 Wall 组墙壁，给每一个墙壁添加 Ridgidbody 组件，并在 Freeze Position 的 X 和 Z 打勾，如图 14.36 所示。

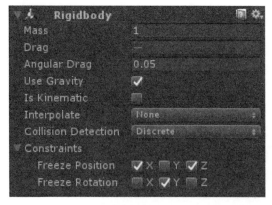

图 14.36

**3** 运行游戏，在墙壁附近按下空格键投放炸弹，就可以炸掉墙壁，如图 14.37 所示。

图 14.37

## 14.10 炸弹人死亡

① 打开 Player.cs 脚本文件，在上面添加变量声明，脚本如下：

```
public bool dead = false;
```

② 在 DropBomb（）函数下面添加脚本，脚本如下：

```
public void OnTriggerEnter(Collider other)
{
   if (other.CompareTag("Explosion"))
   {
      dead = true;
      Destroy(gameObject);
   }
}
```

③ 运行游戏，按下空格键在蓝色炸弹人附近投放炸弹，发生爆炸后蓝色炸弹人就消失了，如图 14.38 所示。

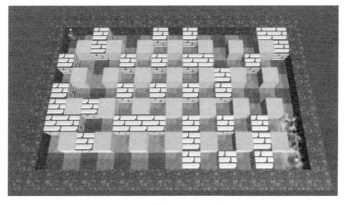

图 14.38

## 14.11 游戏结束界面

**1** 在 Hierarchy 层级视图单击鼠标右键,并选择 UI → Image(图像),如图 14.39 所示。

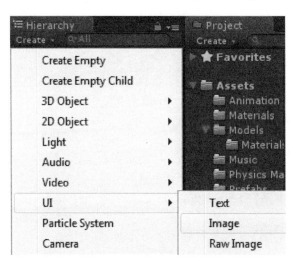

图 14.39

**2** Scene 视图出现白色图片,将它移动到显示屏居中,然后隐藏。

**3** 新建 C# 脚本文件,重命名为 Score,脚本如下:

```
using UnityEngine;
using UnityEngine.UI;

public class Score : MonoBehaviour {

    public bool APlayer = false;
    public bool BPlayer = false;
    public GameObject ScoreImage;
    public Sprite[] ScoreImg;

void Update () {
    if(APlayer==true&&BPlayer==false)
      {
          ScoreImage.GetComponent<Image>().sprite = ScoreImg[0];
      }
        else if(APlayer == false && BPlayer == true)
       {
           ScoreImage.GetComponent<Image>().sprite = ScoreImg[1];
       }
        else if(APlayer == true && BPlayer == true)
        {
```

```
                ScoreImage.GetComponent<Image>().sprite = ScoreImg[2];
        }
    }
}
```

4 打开 Player.cs 脚本文件，在上面添加变量声明，脚本如下：

```
public GameObject Cam;
```

5 在 OnTriggerEnter（）函数修改脚本，脚本如下：

```
    public void OnTriggerEnter(Collider other)
    {
        if (other.CompareTag("Explosion"))
        {
            if(gameObject.name== "Player 1")
            {
                Cam.GetComponent<Score>().APlayer = true;
            }
            if (gameObject.name == "Player 2")
            {
                Cam.GetComponent<Score>().BPlayer = true;
            }
            Destroy(gameObject);
        }
    }
```

6 在 Hierarchy 视图选中 Player 1 和 Player 2，将 Main Camera 拖拽到两个中的 Cam，如图 14.40 所示。

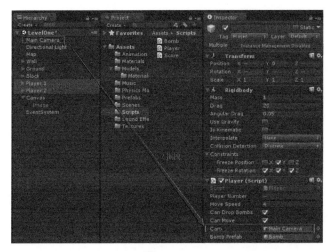

图 14.40

7 选中 Main Camera，将 Image 拖拽到 Score Image，然后在 Project 项目视图里面的

Images 文件夹选中三个图片，拖拽到 Score Img，如图 14.41 所示。

图 14.41

⑧ 运行游戏，按下空格键在在蓝色炸弹人附近投放炸弹，发生爆炸后显示图片，如图 14.42 所示。

图 14.42

## 14.12 本章小结

至此，本章案例的开发部分已经介绍完毕。本游戏是使用 Unity 5.6 游戏引擎开发的，虽然本游戏的基本框架已经开发完毕，但是还有许多地方需要自己改进，开发者可以自行尝试使游戏进一步提升。

# 第 15 章

## Unity 2017 版的新特性及使用

## 15.1 Unity 2017 版概述

2017 年 7 月 10 日 Unity Technologies 正式发布了 Unity 2017 版，标志着 Unity 2017 产品周期的开始。Unity 2017 将成为艺术工作者和设计师最好的引擎工具，其界面如图 15.1 所示。本节将为读者介绍 Unity 2017 的新特性，帮助读者进一步了解 Unity 2017。

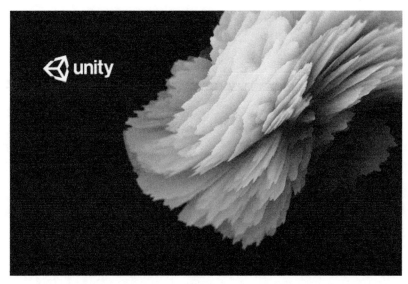

图 15.1

Unity 2017 中包含大量新功能与改进功能。主要内容如下。

1. 视频创作工具：Unity 2017 为艺术家和设计师们提供了 Timeline，Cinemachine 和 Post-processing 工具，可以帮助读者创造出令人惊叹的影视内容，制作出丰富的视频特效，为大众呈现出更生动、更逼真的效果。

2. 实时操作分析工具：Unity 2017 提供了 Unity Teams，是由一系列简化创作者协作流程的功能和解决方案组成，包含 Collaborate 多人协作 ( 现已发布 ) 和 Cloud Build 云构建。

3. 全面改进图形与平台：Unity 2017 对粒子系统和 Progressive Lightmapper 进行了大量改进，提供了更多选择以实现您的艺术愿景并控制性能。

4. 全新的 2D 开发工具：Unity 2017 为 2D 创作者提供了一系列全新的 2D 工具，包括用于快速创建和迭代的 Tilemap 功能，以及用于智能自动化构图和追踪的 Cinemachine 2D。

5. 混合现实（XR）平台支持：Unity 2017 增加了对新 XR（增强显示和虚拟现实）平台的支持水平。XR Toolkit 工具将大大提高 VR 开发效率，并兼容 Oculus、Vive、微软 MR 等一系列 VR 头显，通过为开发者提供跨平台开发控件，允许开发者将 VR 体验快速部署到所有 VR 平台。

登录到 Unity 官方网站 https://unity3d.com/cn，并单击"下载 Unity"蓝色按钮，即可

开始下载 Unity 2017，如图 15.2 所示。安装方法和 Unity 5.6 一样，请参考本书第 1.4 节。

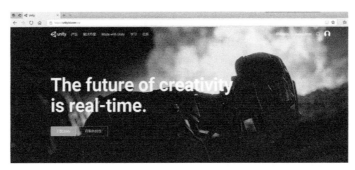

图 15.2

Unity 2017 提供了不少新功能，下面我们来详细了解这些功能。

## 15.2 Timeline（时间轴）

Timeline 不仅仅是一款强大的可视化新工具，而且是 Unity 2017 版中非常重要的一个功能，非常强大。Timeline 是 Unity Technologies 开发中的电影序列工具，有助于设计师们更加方便地编辑影片中的动作、声音、事件、视频等。Timeline 无需编写代码，所有操作仅需通过"拖拽"即可完成，从而让设计师可以更加专注于剧情与故事讲述，加快制作流程，如图 15.3 所示。

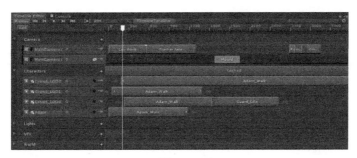

图 15.3

Timeline 有许多功能，例如动画、音频、自动关键帧，以及可以锁定或静音特定轨道的多轨道界面。Timeline 可通过 Playable API 进行扩展，支持创建自定义轨道，以驱动游戏中的任意系统。您可以制作一个 Timeline 剪辑来表示几乎所有内容——并且可以重复播放、缩放和混合这些剪辑。

Timeline 是由 Playable Director 组件、Playable 对象和各个 Track 轨迹图组成的。PlayableDirector 组件是控制 Playable 对象回放功能的。每一个 Track 轨迹图存储在 Playable 对象中，形成 Timeline，如图 15.4 所示。

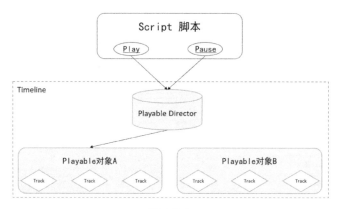

图 15.4

### 动手操作：Timeline 的使用

**1** 新建 Unity 工程项目，按下【Ctrl+9】快捷键来打开 Asset Store 资源商店视图，在搜索框输入 Unity-chan 并查找，然后单击 Download 按钮下载并导入，如图 15.5 所示。

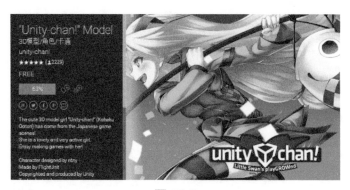

图 15.5

**2** 选择菜单 Window（窗口）→ Timeline Editor（时间轴编辑器）命令，打开 Timeline Editor 时间轴编辑器视图，如图 15.6 所示。

图 15.6

③ 在 Hierarchy 视图选中 unitychan 对象，然后在 Timeline 视图单击 Create 按钮，在弹出对话框中输入 unitychanTimeline 并保存，如图 15.7 所示。

图 15.7

④ 将 Project 项目视图里的 Assets/UnityChan/Animations 文件夹里的 WAIT01 动画拖到 Timeline 时间轴视图，如图 15.8 所示。

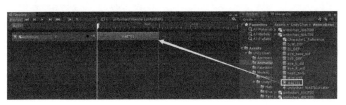

图 15.8

⑤ 同第 4 步，将 WALK00_F 也拖到 Timeline 时间轴视图，如图 15.9 所示。

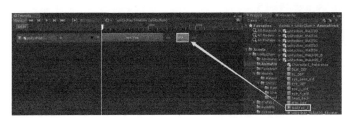

图 15.9

⑥ 在 Timeline 时间轴视图里将 WALK00_F 动画块向右拉长到 L7 段，如图 15.10 所示。

⑦ 将拉长好的 WALK00_F 动画块向左移动，并和 WAIT01 动画块结合一起，如图 15.11 所示。

图 15.10

图 15.11

⑧运行游戏,看到 Unity-chan 模型角色先缓缓动身后走路,但还是在原地走路,如图 15.12 所示。

图 15.12

⑨在 Timeline 时间轴视图里单击 Add 按钮,在弹出菜单中单击 Animation Track,如图 15.13 所示。

⑩将 Hierarchy 层次视图里的 unitychan 拖入到 Timeline 时间轴视图左侧的第二个 AnimationTrack 轨迹图,如图 15.14 所示。

图 15.13 　　　　　　　　　　　　　　图 15.14

⑪单击第二个 AnimationTrack 轨迹图右边的红色圆形(Record)按钮,开始录制,如图 15.15 所示。

⑫将关键帧滑块移到 WAIT01 和 WALK00_F 之间,然后将 Unity-chan 模型人物向前移动 0.1 米,即 Position 的 Z 为 0.1,如图 15.16 所示。

图 15.15　　　　　　　　　　　　　图 15.16

⑬ 将关键帧滑块移到 WALK00_F 最末端，然后将 Unity-chan 模型人物向前移动 5 米，即 Position 的 Z 为 5，如图 15.17 所示。

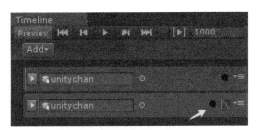

图 15.17　　　　　　　　　　　　　图 15.18

⑭ 单击第二个 AnimationTrack 轨迹图右边的红色圆形（Record）按钮，结束录制，如图 15.18 所示。

⑮ 运行游戏，看到 Unity-chan 模型角色走路的时候不再在原地了，可以往前走了，如图 15.19 所示。

图 15.19

## 15.3　Cinemachine（智能摄像机）

Cinemachine 是根据 Unity 多年游戏和电影摄像机的构建经验凝聚而成的结晶。如今它将业界领先的摄像操作置于所有人手中，引领了程序化摄影的时代，如图 15.20 所示。

Cinemachine 就是构建虚拟世界的相机系统，模拟真实相机的行为，而且通过程序化的方式提升开发效率，让开发者轻轻松松地管理相机。其中包含大量设置相机镜头的功能，能够在 Unity 游戏或应用中像拍电影那样管理游戏相机。

图 15.20

我们可以利用 Cinemachine 来做如下一些操作。

（1）控制看到屏幕的最佳位置。

（2）设定追踪地点。

（3）根据自己的移动来同步位置。

（4）容易切换多个摄像机。

（5）利用轨迹来摄像。

Cinemachine Virtual Camera 的各种设定选项如下。

（1）Priority：优先级。按最高优先级来显示摄像机。当优先级高的摄相机隐藏时，将显示下一个最高优先级的摄相机。

注意：当摄像机放在 Timeline 时间轴时，优先级就无效了。

（2）LookAt：注视。朝向某个游戏对象，可以设置人物角色的头、腰、眼睛以及整体等注视位置。

（3）Follow：跟随。跟随某个游戏对象运动。

（4）Lens：镜头。与 Unity 的摄像机设定一样，包括 Field Of View、Near Clip Plane 和 Far Clip Plane。

动手操作：Cinemachine 的使用

① 继续上一节的工程项目，按下【Ctrl+9】快捷键来打开 Asset Store 资源商店视图，在搜索框输入 Cinemachine 并查找，然后单击 Download 按钮下载并导入，如图 15.21 所示。特别注意的是需要更新 Unity 至版本 2017.1.1。

② 选择菜单 Cinemachine（智能摄像机）→ Create Virtual Camera（创建虚拟摄像机）命令，这样 Hierachy 层次面板即出现 "CM vcam1"（创建虚拟摄像机），如图 15.22 所示。

图 15.21

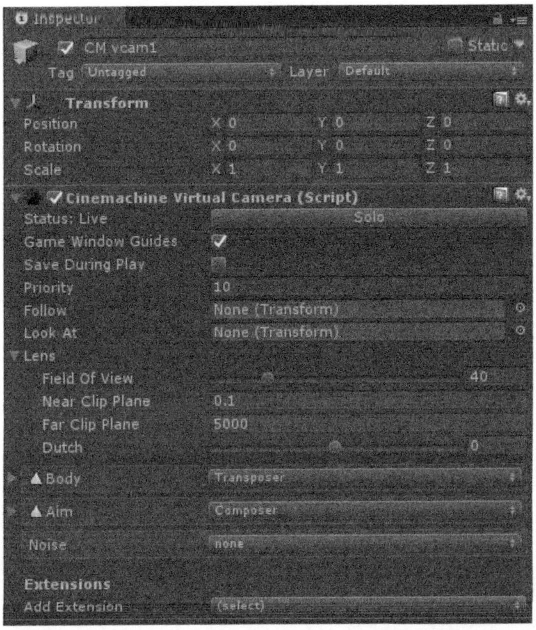

图 15.22

**3** 将 Hierarchy 层次视图里的 unitychan 和 Character1_Head 分别拖入到 Inspector 检视视图里的 Follow 和 Look At 选项，并调整 Body 参数，如图 15.23 所示

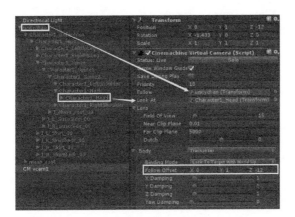

图 15.23

④运行游戏，摄像机一直跟着 Unity-chan 角色模型走，如图 15.24 所示。

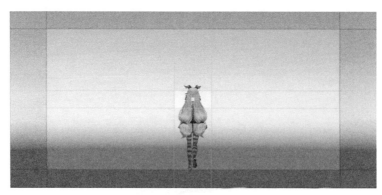

图 15.24

## 15.4　Post-processing（后期处理）

Post-processing 是一系列预定义图像后处理效果的集合，将多种图像后处理效果进行优化合并，为游戏画面顾客带来丰富的视觉效果，使游戏画面更具有艺术感和个性，提高了渲染效率，使开发者使用更加方便，如图 15.25 所示。该插件重构了 Unity 5.X 版本的 Image Effects 屏幕渲染特效。

图 15.25

下面就对 Post-processing 里的几种渲染特效进行详细的介绍。

### 15.4.1　Antialiasing（抗锯齿）

一般情况下，图形硬件渲染出的多边形边缘会有锯齿，影响视觉效果。我们通过此选项来平滑这些锯齿，增强场景的视觉效果。下面是设置 Antialiasing（抗锯齿）前后的对比，如图 15.26 所示。

图 15.26

### 15.4.2　Ambient Occlusion（环境光遮蔽）

这是一种非常复杂的光照技术，通过计算光线在物体上的折射和吸收，在受影响位置上渲染出适当的阴影，进一步丰富标准光照渲染器的效果。在现实生活中，这样的区域往往会阻止或封闭环境光，所以它们显得更黑。下面是设置 Ambient Occlusion（环境光遮蔽）前后的对比，如图 15.27 所示。

图 15.27

### 15.4.3　Screen Space Reflection（屏幕空间反射）

这是一种用屏幕空间数据来计算反射的技术。它通常被用来制造更细微的反射，例如在潮湿的地板表面或水坑里。特别注意的是此选项只能在 Deferred 渲染路径才能用，因为它依赖于 Normals G-Buffer（法线 G- 缓存），但是不建议在移动设备上使用。下面是设置 Screen Space Reflection（屏幕空间反射）前后的效果对比，如图 15.28 所示。

图 15.28

### 15.4.4 Depth of Field（景深特效）

景深特效是常见的模拟摄像机透镜的图像特效，用来模拟出真实的景深模糊效果。下面是设置 Depth of Field（景深特效）前后的对比，如图 15.29 所示。

图 15.29

### 15.4.5 Motion Blur（运动模糊）

运动模糊的作用是模拟物体相对于摄像机作快速运动时产生的模糊效果，这也可能是由快速移动的物体经长时间曝光产生的效果。在大多数游戏中，运动模糊是很微妙的效果，但是在竞速游戏类中，比如赛车游戏，会出现很夸张的效果。下面是设置 Motion Blur（运动模糊）前后的对比，如图 15.30 所示。

图 15.30

### 15.4.6 Eye Adaptation（人眼调节）

在眼科生理学中，人的眼睛有能力调节从黑暗到明亮环境的不同适应程度。此选项是根据亮度范围内动态调整图像的曝光量。这种调整是在一段时间内逐步进行的，比如从黑暗隧道中出来时，短暂地感觉到有一种白光向自己曝亮。同样地，当从明亮的场景过渡到黑暗的场景时，"眼睛"也需要一段时间来调节。下面是设置 Eye Adaptation（人眼调节）前后的对比，如图 15.31 所示。

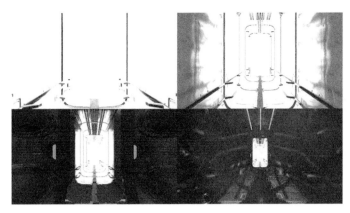

图 15.31

### 15.4.7 Bloom(泛光特效)

泛光可以理解为是一种增强版光辉、光晕的效果。比如夜晚的时候,下面灯光照射到建筑物外部,使建筑物更加突出的一种照明方式。下面是设置 Bloom(泛光特效)前后的对比,如图 15.32 所示。

图 15.32

### 15.4.8 Color Grading(颜色分级)

此选项是一种后处理效果,可用来改变或校正最终图像的颜色和亮度的一种技术,包含了五个部分,分别是 Tonemapping(色调映射)、Basic(基本)、Channel Mixer(混合通道)、Trackballs(调色跟踪圆盘)和 Grading Curves(分级曲线)。下面是设置 Color Grading(颜色分级)前后的对比,如图 15.33 所示。

图 15.33

### 15.4.9 User Lut（用户调色预设）

此选项是一种简单的颜色分级方法，屏幕上的像素可由用户提供的 Lut 的新数值来替换。Lut（颜色查找表），是指一种通过修改色相、饱和度和亮度值，精确地将源图像的具体的 RGB 的值变为另一组新的 RGB 值的数学方法。但是，由于这种方法不需要更高级的颜色分级格式，因此建议可作为不支持这些格式的平台的备用选项。特别注意的是 Lut 纹理必须是 256×16 大小的颜色查找表纹理。下面是设置 User Lut（用户调色预设）前后的对比，如图 15.34 所示。

图 15.34

### 15.4.10 Chromatic Aberration（色差）

色差是透镜像差引起颜色集中在距图像中心不同距离造成的现象，被解释为色相差。它似乎是图像边缘上的颜色"条纹"，能将图像的黑暗部分和明亮部分分离出来。下面是设置 Chromatic Aberration（色差）前后的对比，如图 15.35 所示。

图 15.35

### 15.4.11 Grain（颗粒）

该特效一般用于模拟老电影、老旧电视或录像中的噪点、胶片颗粒等效果。下面是设置 Grain（颗粒）前后的对比，如图 15.36 所示。

图 15.36

## 15.4.12 Vignette（渐晕）

渐晕是图像成像点距离中心的非线性退化，使游戏画面的边缘和拐角区域进行变暗，就是说四周暗中间亮，适用于模拟游戏中通过望远镜观察到的场景，比如步枪瞄准镜。下面是设置 Vignette（渐晕）前后的对比，如图 15.37 所示。

图 15.37

**动手操作：Post Processing 的使用**

❶新建 Unity 工程项目，按下【Ctrl+9】快捷键来打开 Asset Store 资源商店视图，在搜索框输入 Post Processing 并查找，然后单击 Download 按钮下载并导入，如图 15.38 所示。

图 15.38

❷在 Project 项目视图单击 Create 按钮，弹出菜单并选择 Post Processing Profile，创建

文件并重命名为 SceneProfile，如图 15.39 所示。

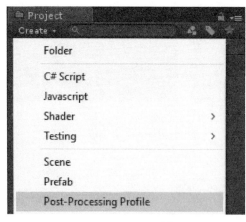

图 15.39

③ 在 Hierarchy 层次视图选中 Main Camera，依次选择菜单栏中的 Component（组件）→ Effects（特效）→ Post-Processing Behaviour 命令，这样 Main Camera 添加了 Post Processing Behaviour 组件，如图 15.40 所示。

图 15.40

④ 将 Project 项目视图中的 SceneProfile 文件拖入到 Inspector 检视视图里的 Post Processing Behaviour 脚本里的选项，如图 15.41 所示。

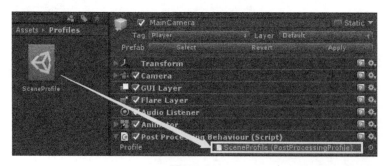

图 15.41

⑤ 双击 Project 项目视图中的 SceneProfile 文件，Inspector 检视视图出现了 Post-

Processing 图像特效选项，读者通过这些选项来调节炫酷的场景，如图 15.42 所示。

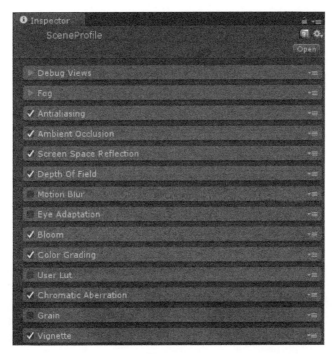

图 15.42

# 附录

# C# 基本语法

## 一、变量

在所有程序设计里都会用到变量，Unity 也不例外。变量是用于容纳一个值的存储位置，可以把计算机内存中的变量当作箱子。在这些箱子放入一些东西，然后把它取出来，或者只是看看盒子里是否有东西，如图 1 所示。

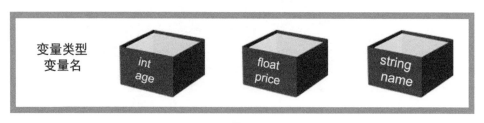

图 1

### 1. 变量的命名规则

1）变量名称是由英文字母、数字以及下划线组成的，不能包含空格、标点符号等其他符号。

2）变量名不能以数字为开头，必须以字母或下划线为开头。

3）变量名不能与 C# 中的关键字名称相同。

### 2. 声明变量的方法

要使用变量，需要声明它们，否则无法编译并会报出错误，所以需要在一个声明语句中声明变量的类型和名称。

变量声明方法：

  类型标识符　变量名；

变量赋值方法：

  变量名 = 值；

注意：变量必须先定义后使用。

## 3. 变量的基本类型

C# 提供了不少类型，表 1 总结了 C# 最常用的基本数据类型以及允许的数值范围。

表 1  基本数据类型以及允许的数值范围

| 类型标识符 | 类型名 | 数值范围 |
| --- | --- | --- |
| int | 整型 | −21474863648 ~ 2147483647 |
| float | 浮点型 | −3.402823E+38 ~ 3.402428E+38 |
| double | 双精度型 | −1.79769313486232E+308 ~ 1.79769313486232E+308 |
| bool | 布尔型 | true、false |
| string | 字符串型 | 文本 |
| GameObject | 游戏对象型 | 游戏对象 |

```
int age=10;            // 声明变量 age 为整数 10
float price=0.5f;      // 声明变量 price 为实数 0.5，注意：小数后面必须加 f
bool state=false;      // 声明变量 state 为布尔值 false
string txt="abc";      // 声明变量 txt 为字符串 abc，注意：字符串两边必须加引号
GameObjectobj;         // 声明变量 obj 为游戏对象
```

### 动手操作：使用变量

① 新建 C# 脚本文件 Test，脚本如下：

```
using UnityEngine;
using System.Collections;

public class Test : MonoBehaviour
{
    void Start()
    {
        int age;
        age = 25;
        Debug.Log(age);
    }

    voidUpdate()
    {

    }
}
```

② 将脚本拖入到 Main Camera，运行游戏，执行结果如图 2 所示。

图 2

说明:

第 7 行的 int age; 声明变量的语句,int 表示整型,age 表示变量名,就是箱子的名字,意思是说给箱子定义为整数,然后取个 age 名字。

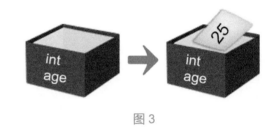

图 3

第 8 行的语句是把 25 赋值给 age,意思是说把数字 25 放入箱子里,如图 3 所示。

第 9 行的语句是把 age 变量输出在控制板窗口,也可以写 print ( age );。

注意:"="是赋值运算符,就是说"赋值为",而不是等于。左边是变量名,右边是和左边同一个类型的值,就是说"自右向左"。

## 二、运算符

运算符是一种向编译程序说明一个特定的数学或逻辑运算的符号,就是说大多数编程问题都需要运算符来处理数据,来实现各种运算操作和逻辑要求。下面提供了算术运算符、比较运算符、逻辑运算符。

算术运算符,就是数学中的加、减、乘、除的四则运算,算术运算符如表 2 所示。

表 2　算术运算符

| 算术运算符 | 说　明 | 例子（a = 4） | 结　果 |
| --- | --- | --- | --- |
| + | 左边数值加上右边数值 | a=a+2 | 6 |
| − | 左边数值减去右边数值 | a=a−2 | 2 |
| * | 左边数值乘以右边数值 | a=a*2 | 8 |
| / | 左边数值除以右边数值 | a=a/2 | 2 |
| % | 左边数值除以右边数值的余数 | a=a%3 | 1 |

| 算术运算符 | 说明 | 例子（a = 4） | 结果 |
|---|---|---|---|
| ++ | 左边数值加 1 | a++ | 5 |
| -- | 左边数值减 1 | a-- | 3 |

比较运算符，就是比较两个操作数值的大小，比较结果是布尔值 True 或 False，如表 3 所示。

表 3  比较运算符

| 比较运算符 | 说明 | 例子（a = 4） | 结果 |
|---|---|---|---|
| == | 左边数值等于右边数值吗? | a==5 | False |
| !＝ | 左边数值不等于右边数值吗? | a!=3 | True |
| < | 左边数值小于右边数值吗? | a<6 | True |
| <= | 左边数值不大于右边数值吗? | a<=7 | True |
| > | 左边数值大于右边数值吗? | a>9 | False |
| >= | 左边数值不小于右边数值吗? | a>=4 | True |

逻辑运算符，就是判断两个布尔操作数是否成立，返回的是布尔值 True 或 False，如表 4 所示。

表 4  逻辑运算符

| 逻辑运算符 | 说明 | 例子（a = 4 b = 1） | 结果 |
|---|---|---|---|
| && | 左边与右边进行与运算 | a==5 && b==1 | False |
| \|\| | 左边与右边进行或运算 | a==4 \|\| b==2 | True |
| ! | 与左边进行非运算 | !（a==5） | True |

**动手操作：使用运算符**

**1** 新建 C# 脚本文件 Test，脚本如下：

```
using UnityEngine;
using System.Collections;

public class Test : MonoBehaviour
{
    void Start()
    {
        int age = 4;
        age++;
        Debug.Log(age);
```

```
    }

    void Update()
    {

    }
}
```

② 将脚本拖入到 Main Camera，运行游戏，执行结果如图 4 所示。

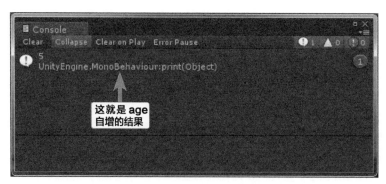

图 4

说明：

第 7 行的语句是初始化定义，就是为 age 赋值了初值 4。

第 8 行的语句是 age 自增 1，就是 age 加上 1，如图 5 所示。

第 9 行的语句是把 age 运算后的结果输出在控制板窗口。

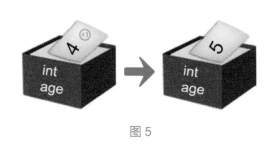

图 5

## 三、控制语句

程序设计中的控制语句有 3 种，它们分别是顺序语句、条件语句和循环语句。语句都是按顺序逐句执行，并按需要由控制语句进行循环、判断方面的控制，以达到程序设计者的目的。其中，程序开发用的比较多就是条件语句和循环语句。

### 1. 条件语句

在 Unity 开发过程中，会遇到复杂的实际问题，根据条件来判断，并改变执行顺序。条件语句包括 if 语句和 switch 语句两类。前者主要用于两个分支的选择，后者用于多个分支的选择。

（1）if 语句

if 语句的语法规则如下：

```
if(条件表达式)
{
    表达式1;
}
else
{
    表达式2;
}
```

其中 if 和 else 是关键字，执行顺序就是在执行的时候，首先计算表达式的值，如果表达式的值是非 0，即条件为真，那就么执行语句 1，否则（表达式的值是 0，即条件为假）就执行语句 2，其对应的流程图如图 6 所示。

（2）switch 语句

switch 语句的语法规则如下：

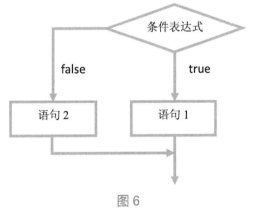

图 6

```
switch(表达式)
{
    case 常量表达式1:
        语句1;
    break;
    case 常量表达式2:
        语句2;
    break;
    ...
    default:
        语句n;
    break;
}
```

执行 switch 语句时，先计算出表达式的值，然后将表达式的值与 case 常量表达式比较，如果与某个 case 常量表达式相等时，那么执行该 case 语句。否则依次继续执行后面的语句，直到 switch 语句体结束，其对应的流程图如图 7 所示。

注意：C# 中的 switch 语句必须写 break。

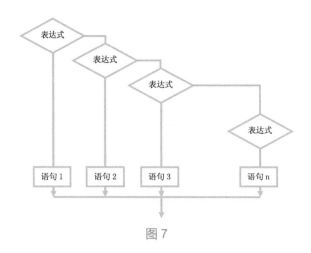

图 7

## 2. 循环语句

循环就是用来不断地重复执行一些操作，直到条件成立为止，就是说对操作可以重复多次，而无需编写相同的代码。

（1）for 语句

for 语句的语法规则如下：

```
for ( 初值表达式 ; 条件表达式 ; 运算表达式 )
{
    执行语句块 ；
}
```

执行 for 语句时，先计算初值表达式（整个循环过程中只执行一次），然后计算条件表达式，判断此值是否为真。若条件为真，执行循环体的语句。执行完循环体的语句，就跳转到运算表达式去执行，直到条件表达式的条件为假为止，结束循环，其对应的流程图如图 8 所示。

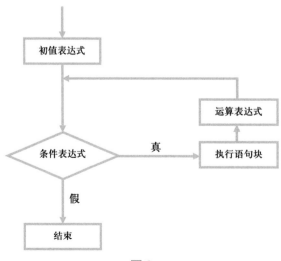

图 8

(2) foreach 语句

foreach 语句的语法规则如下：

```
foreach(标识符类型 标识符变量名称 in 表达式)
{
    执行语句块;
}
```

foreach 是 C# 中新引入的语句，表示将对数组或对象集合中的每个元素执行一遍循环体，遍历完所有元素后，将退出 foreach 循环体。

(3) while 语句

while 语句的语法规则如下：

```
while(表达式)
{
    执行语句块;
}
```

首先判断表达式的值是真还是假，若为真（非 0），那么执行循环体。执行完循环体后，再对条件表达式进行判断，反复下去直到表达式的值为假（0）为止，其对应的流程图如图 9 所示。

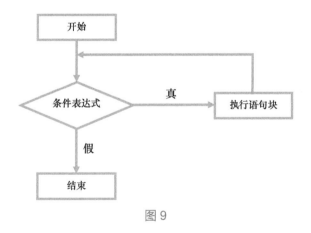

图 9

(4) do-while 语句

do-while 语句的语法规则如下：

```
do
{
    执行语句块;
}while(表达式);
```

程序进入 do while 循环后，先执行循环体内的语句，然后判断表达式的真假。若为真，则进入下一次循环,否则终止循环。和 while 不同的是,do while 语句是先执行循环体,然后判断表达式的值。所以,无论一开始表达式的值是真还是假,循环体中的语句都至少被执行一次,其对应的流程图如图 10 所示。

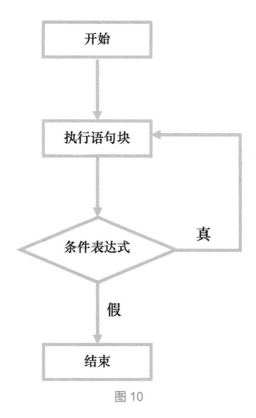

图 10